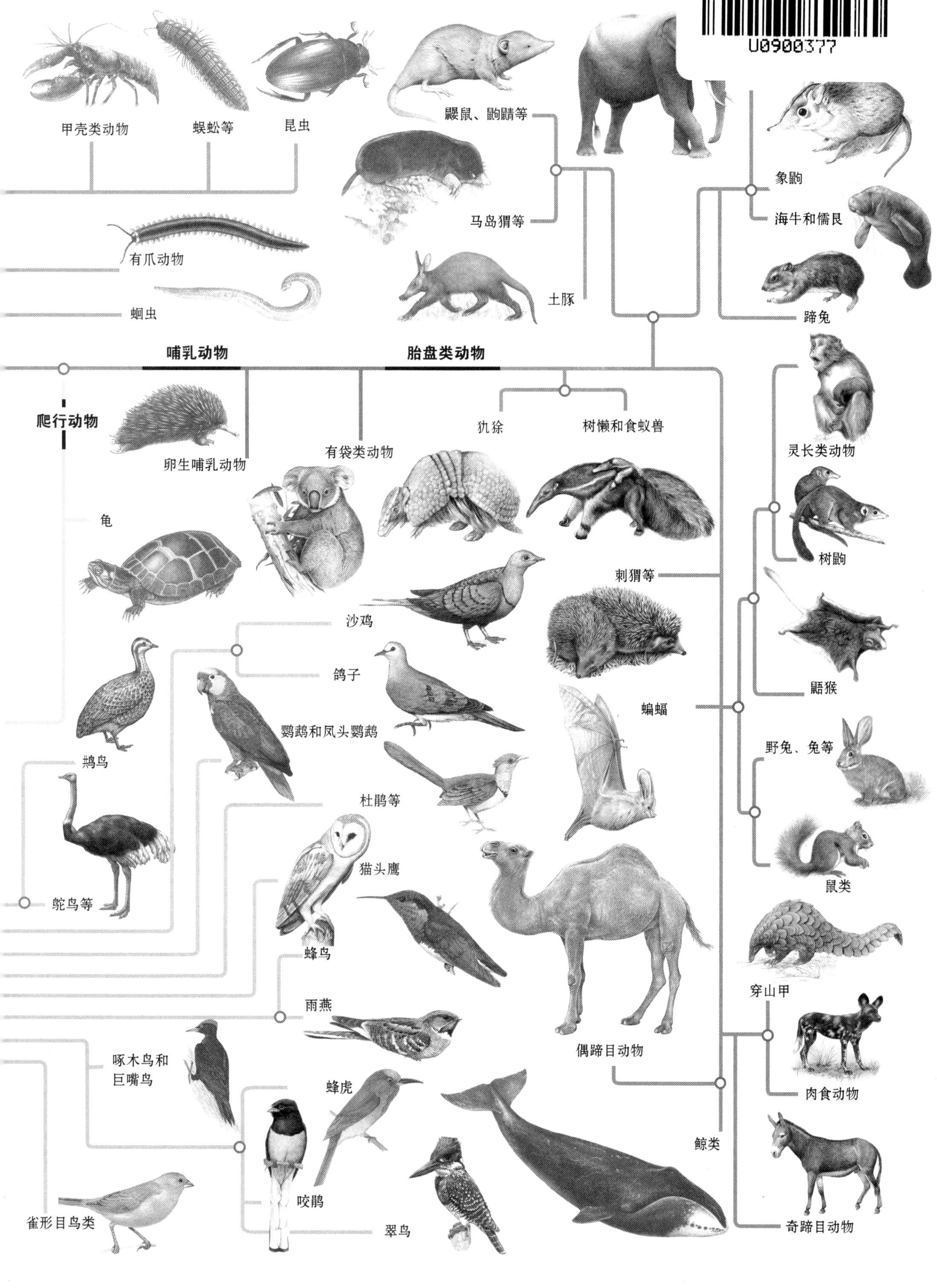

甲壳类动物
蜈蚣等
昆虫
鼹鼠、鼩鼱等
马岛猬等
象鼩
海牛和儒艮
有爪动物
蛔虫
土豚
蹄兔
哺乳动物
胎盘类动物
爬行动物
犰狳
树懒和食蚁兽
卵生哺乳动物
有袋类动物
灵长类动物
龟
树鼩
刺猬等
沙鸡
鸽子
鼯猴
蝙蝠
鹦鹉和凤头鹦鹉
鹑鸟
野兔、兔等
杜鹃等
猫头鹰
鼠类
鸵鸟等
蜂鸟
穿山甲
雨燕
偶蹄目动物
啄木鸟和
巨嘴鸟
肉食动物
蜂虎
鲸类
咬鹃
雀形目鸟类
翠鸟
奇蹄目动物

国家地理动物大百科

YULEI Ⅱ

鱼类Ⅱ

西班牙Sol 90出版公司 编著
刘广璐 董舒琪 译

天津出版传媒集团
天津科技翻译出版有限公司

序言

了解并保护动物生命

仅需要与动物接触短短几秒钟，就足以感受到它们的重要性。在坦桑尼亚的那个下午，我的心脏跳得很快。我静坐在车里，眼睛一动不动地盯着挡风玻璃。我看见了一头高大的雄象以及它的头和牙齿。它的鼻子向我凑过来，嗅着、检查着，然后转身离开。当时它离我那么近，以至于我都能感受到并听见它的呼吸。它鼻子末端柔软的胡须像小猫的胡须一样，轻轻地触碰我的耳朵、脖子和肩膀。慢慢地，它抬起鼻子，转过头，缓缓地，一点都不着急，就像漫步在恩戈罗恩戈罗火山口一样。

虽然在作为摄影师的初期生涯中，与我产生最紧密联系的是人，可随着时间的推移，我开始慢慢感受到和野生动物及风景之间的亲密联系。我了解了那头触摸我的大象。那时，我在火山口住了几个月，一直试图等它靠近，拍些关于它的照片。当最后成功时，我发现我们之间有一个共同点——好奇心。

1988 年，我第一次去非洲，自此我决定致力于再现地球的自然奇观。

其中有些照片向我们展示了一些神奇的景象：如那张鬃毛被风吹得凌乱的狮子的照片（见本丛书《哺乳动物Ⅱ》第 10 至 11 页），当时我正遭遇沙尘暴，以至于当它向我走近时，我都没有注意到。又如在南非的一个野生动物保护区拍摄的那张长颈鹿的照片（见本丛书《奇妙的动物界》第 13 页），当时正值日出，我正等待着在森林里吃草的犀牛，此时远处出现了一头长颈鹿，它吸引了我全部的注意力。这些照片不断地提醒着我们大自然的生命循环：如照片（见本丛书《哺乳动物Ⅱ》第 74 至 75 页）中呈现的，在母猎豹的注视下，猎豹幼崽们享受着刚猎杀的羚羊，并在狮子、鬣狗和秃鹰赶来之前将其吃掉。

此外，这些奇迹也说明了人类和大自然之间微妙的平衡，以及慎重对待动物界的必要性。据估算，1940 年时，非洲还有 45 万头狮子，如今几乎仅有 2 万头了。人们将黑猩猩幼崽从母猩猩身边夺走，将其作为宠物或在黑市中进行贩卖。非洲象，因其独特的象牙而遭受迫害，与 20 世纪相比，数量已大大减少，仅占当时的一小部分。猎豹已被农民和牧场主驱离它们赖以生存的自然环境。目前，许多联合保护组织正努力挽救那些濒临灭绝的物种。

总的来说，《国家地理》一个多世纪以来在公园和保护区内所拍摄的这些照片对动物保护主义者起了重大的激励作用。我们和动物照片之间的联系要追溯到 1906 年，当时的专业刊物很少刊登动物照片。就在那时，一位名叫乔治・史拉斯的先生公开了 70 张照片，其中有一张是他用一支手电筒照亮了夜晚的动物。他的照片引起了轰动，他也收到了许多读者来信，要求公开更多的照片。自那时起，便形成了这样一个传统。尽管我已经观察动物 20 多年，但它们的习性和特性仍让我感到惊讶和着迷。一头成年狮子的咆哮声，从 8000 米远的地方就能听见。老虎的纹路就像指纹一样，没有其他动物的纹路与它相同。凭借那长而有力的后腿，雪豹的跳跃高度可达其身体长度的 7 倍。

我希望，当您翻阅这套动物百科丛书，领略动物界之神奇时，能获得您自己的发现。

克里斯・约翰斯（Chris Johns）

《国家地理》杂志原主编

目录

第 9 页

国家地理视角：海洋生物的多样性

第 15 页

鳕鱼、无须鳕及其他

第 25 页　　第 31 页　　第 39 页

第 85 页　　第 91 页　　第 153 页

国家地理视角

海洋生物的多样性

隐藏在礁石中的生物

对于观赏者来说，它的外形可能很奇怪，但这种奇怪的外形却正是草海龙（*Phyllopteryx taeniolatus*）最显著的特点。独特的身形和颜色让它可以隐藏在珊瑚和海藻之中，甚至连捕食者也无法发现它的踪影。

鱼群

在美国加利福尼亚海岸的海藻群中，蓝平鲉（*Sebastes mystinus*）鱼群好像水中的漩涡一般，静静地迁徙着。通常情况下，拟鮨平鲉（*Sebastes serranoides*）或者其他同科鱼类也会加入到迁徙的大军中。

色彩和不对称

在大洋洲所罗门群岛的深海中，栖息着一条豹纹鲆（*Bothus pantherinus*）。身上的斑点能让它完美地隐藏在淤泥里，它还可以变色，这种强大的适应能力有利于它捕食猎物和躲避天敌。在进化过程中，它右眼移到了左边。

鳕鱼、无须鳕及其他

这个类别的鱼类有着极其重要的商业价值。它们有2或3个柔软的背鳍，颌骨下面的触须具有味觉功能。通常会形成规模庞大的鱼群。但是，人类的过度捕捞和气候的变化影响了该鳕形目中的大部分鱼类，使它们的生存状况岌岌可危。

一般特征	16
过度捕捞的威胁	18
鳕鱼	20
无须鳕及其他	22

一般特征

这类鱼很有特点，它们的胸鳍有大约 11 根鳍条，一旦舒展开来，就正好位于颈胸部上方或下方。大多数鳕鱼都有着长长的背鳍和臀鳍。鱼鳞通常是呈旋轮线状的。颌骨前的舌头能伸得很长。鱼鳔没有气管，有些鳕鱼甚至没有鱼鳔。

门：脊索动物门

纲：鱼纲

目：鳕形目

科：11

种：500

显著特点

鳕鱼及其同科鱼类身形多样，对环境的适应能力很强，具有独特的生活习性。有些鳕鱼喜欢在白天形成鱼群并进行捕食活动，例如大西洋鳕（*Gadus morhua*）。其他种类的鳕鱼生活在阳光无法到达的深海，即使这样，个别鱼类仍然只在夜间活动。有些鳕鱼生活在开阔的海域或较浅的水域中，如赫氏无须鳕（*Merluccius hubbsi*）。它们在海底休息一个白天后游到海面捕食沙丁鱼、凤尾鱼等作为食物。其他鳕鱼都有触须，有些甚至有细如长丝的胸鳍。这些结构组成了敏感的触觉器官。一些鳕鱼（长尾鳕科）有发光器官，可以在黑暗中利用发光器官和同伴交流、传递信息。

大西洋犀鳕

大西洋犀鳕属于犀鳕科，主要分布在热带和亚热带海域。它们很少进入河口，是热带海域仅存的一个鳕鱼种类。属于小型深海鱼，身长通常不会超过 12 厘米。它们有修长的身形、细长的臀鳍和较大的鳞片，通常没有触须。不同种类的成年鳕鱼和幼年鳕鱼会进行大规模的垂直迁徙。

歪尾鳕

歪尾鳕属于多丝真鳕科，是深海鱼，主要分布在新西兰和澳大利亚周边的海域，栖息深度为水下 250~800 米。至今，人们对于它们的行为方式和繁殖习性都知之甚少。它们的身形修长而且扁平，体长可达 35 厘米，嘴大，无触须。

鳕形目

鳕形目的鱼有一个显著特点：鱼鳍的鳍条是软的。另外，大部分鳕形目的鱼腹鳍位于胸鳍之前。除了一种鳕鱼外，其他种类的鳕鱼都生活在海洋中。

水下交流

有些鳕鱼以特殊声音作为媒介进行交流，这种情况在繁殖期尤为常见。当它们感觉自己受到威胁时，会发出恐吓对方的声音将其吓跑。另一方面，它们发出声音是为了与移动中的鱼群保持联系。这种情况下发出的声音叫作聚合音。此外，当它们被捕食者捉住时，会发出持续的甚至强烈的震动，有时可以通过这种方式摆脱捕食者的控制，实现自救。

声源

发音器官是鱼鳔，声音在肋骨肌肉收缩后得以传播和扩大。

1 放松状态下

当肌肉不与鱼鳔接触时，无法产生声音。肌肉受脊柱神经支配而产生运动。

2 反抗状态下

当肌肉在鱼鳔上颤动时，能够产生声音。会通过肌肉的冲击或振动发出咕噜咕噜的声音。

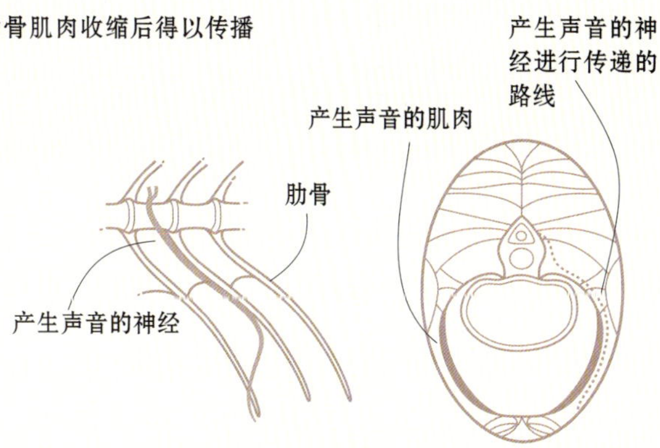

它们有两个挨在一起的背鳍：第一个背鳍的基部比较窄，整体却很高；第二个背鳍比较长，基部甚至可以到达尾鳍处。

鳕鱼

鳕鱼分布于北冰洋、大西洋和太平洋，通常栖息于寒冷水域。只有一种鳕鱼栖息于淡水中。大多数鳕鱼栖息于底层或近底层附近，以鱼类和无脊椎动物为食。如果觉得受到了威胁，它们会发出咕噜咕噜的声音。多数会结成鱼群进行大规模迁徙。人类捕捞量最大的海洋生物是鲱科（包括鲱鱼、沙丁鱼和与其较相似的鱼），其次是鳕科。

北鳕和江鳕

江鳕科鱼类主要分布在北冰洋、大西洋和太平洋。江鳕是江鳕科中唯一一种在欧亚大陆及北美淡水环境中生活的鳕鱼。

阿根廷水鳕

鼠尾鳕科是一个庞大的群体，包括30多属的300多种生物。以硕大的脑袋和长长的尾巴著称。虽然它们几乎遍布所有大洋，包括北冰洋和南极洲附近海域，但是它们中的大多数仍偏爱热带地区的深海。有些阿根廷水鳕甚至生活在几乎完全黑暗的水下6000米处。它们在那里以海底沉积层中的生物为食。它们的腹部有一个特殊的器官，可以产生一种细菌，使其发光。其他的阿根廷水鳕以鱼类、鱿鱼和甲壳类动物为食。

大洋黑鳕

大洋黑鳕属于黑鳕科，生活在大西洋和太平洋南部水域。它们和卡波内罗鳕、桑葚鳕（稚鳕科）比较相似，身形修长，身长通常不超过28厘米。

无须鳕

属于一个小科（无须鳕科）。在南北半球温带、寒带海域都有分布，但大多数分布于南半球海域。捕食能力很强，以鱼类为食，但也吃鱿鱼和甲壳类动物。有些鳕鱼是群居动物，具有重要的商业价值。近年来，由于人类捕捞活动的增加，很多鱼类的生存受到了威胁。

绿鳕和南美犁齿鳕

大约有100种，遍布全球。但是，人们对这个科（稚鳕科）却知之甚少。它们身形修长，通常栖居在深海，不群居。

短须鳗鳞鳕

人们对南极鳕科的了解也不多。它们只生活在南半球，尤其是南极附近。背鳍、臀鳍和尾鳍都连在一起。

犁齿鳕

犁齿鳕是大西洋的特产，与其他褐鳕科的鱼类一样都栖居在温带海域的海底。一些褐鳕科的幼鱼会在海湾生活一段时间。

细身黑鳕

细身黑鳕属于黑鳕科，是大西洋和太平洋南部海域的特产。身形修长，和稚鳕科很相似。

迁徙

有些鳕鱼和无须鳕栖居在大陆坡海域。该地区有陡峭的斜坡，常年黑暗，使得捕食异常困难。白天，鳕鱼待在海床上几乎一动不动。但会在夜间游到海平面附近。有些鳕鱼在幼鱼期也进行迁徙活动，但通常时间不长。

过度捕捞的威胁

鳕形目的鱼是世界上最具商业价值的鱼类之一。由于鳕鱼遍布于广阔的海洋中，并通常以群居的方式生活在较浅海域，因此非常容易被人类捕捞。然而，过度捕捞威胁了鳕鱼的生存，同时也威胁了以捕鱼为生的渔民。

捕捞史

过度捕捞是指捕捞的数量远远超过了鱼类自身繁殖的数量。过度捕捞带来的后果是海洋环境受到破坏、生物种群濒危、生物链受到威胁，人类的生存甚至也受到了相应的影响。虽然捕鱼在有些地区是非常重要的生产活动，但也不能忽视过度捕捞带来的影响。这些影响是复杂的、难以估量的，对捕鱼业的影响也是不尽相同的。在这个问题上，鳕鱼就是一个很好的个例。20 世纪 80 年代末期，鳕形目的捕捞量约为 1510 万吨（世界海鲜卸载量的 17%）。其中，95% 是鳕科（鳕鱼及其同科鱼类），无须鳕科（无须鳕及其同科鱼类）的数量居第二。几个世纪以来，大西洋鳕（*Gadus morhua*）的捕捞一直是一项很重要的经济活动，影响着大西洋北部沿岸国家的文明进程。直到 20 世纪 90 年代末期，该物种一直承受着巨大的生存压力。从那时开始，现代捕捞技术的不断改进和生存环境的不断改变瓦解了鳕鱼的生存条件。现在，世界自然保护联盟已经将该物种列为濒危物种。由于过度捕捞，该物种受到了极大影响，数量急剧下降。商业捕捞和物种繁殖数量的估值都达到了 1960 年以来的最低值。捕捞限制得到了严格的监管，很多重要的捕鱼区已经关闭，这些都是针对该物种的低数量所采取的措施。1992 年，加拿大和纽芬兰的商业捕捞几乎使该物种濒临灭亡，因此导致渔业进入暂休期。这使很多渔民失去了工作和收入，对加拿大经济造成了负面影响。

标志性事件

世界自然保护联盟将黑线鳕 *(Melanogrammus aeglefinus)* 列为“极度濒危物种”。该物种在北大西洋海域的繁殖数量从 1978 年的 7.6 万吨急剧下降到 1993 年的 1.2 万吨左右。于是，政府采取了一些措施以减缓下降的速度。1998 年，明确黑线鳕的数量为 4.19 万吨。然而，现在的繁殖数量

具体问题

1997 年，对赫氏无须鳕（*Merluccius hubbsi*）的捕捞反映了一个令人担忧的问题，即小型渔业作坊的问题。同年，政府禁止在阿根廷和乌拉圭的共同捕鱼区捕捞幼鱼。最严重的问题摆在了人们面前：鱼类的繁殖能力下降了。近些年，不加选择的捕捞活动使得鳕鱼的死亡率大大升高。同时，鳕鱼的繁殖能力也下降了近 30%。

还是低于正常发展所需要的标准。虽然世界自然保护联盟将黑线鳕重新归类到“濒危物种”，但它们的生存仍然面临着很多威胁。

无须鳕

无须鳕科包括无须鳕属和尖尾无须鳕属，具有极大的渔业价值和商业价值。它们是人类捕捞最多的深海鱼类之一。人们用不同的渔网捕捞法捕捞它们。有些鳕鱼，例如阿根廷水鳕，是一些小型渔业作坊的捕捞目标；另一些鳕鱼，例如欧洲鳕鱼和非洲鳕鱼，是一些复合型渔业作坊的捕捞目标；而新西兰鳕鱼则是附属捕捞物。不论在哪种情况下，无须鳕都是捕捞数量最多的渔业产品。从1960年开始，对无须鳕的捕捞就一直呈现增长趋势，在1973年达到了顶峰，年捕捞量为200万吨。随后一直到1999年，年捕捞量一直在上下波动，但是大多数情况下，对无须鳕的捕捞都属于过度捕捞。

气候变化

繁殖鱼群的规模和产卵数量之间的关系受到海水温度和甲壳类动物捕食情况的影响。如果北半球的海水按照预计的速度持续升温，这种甲壳类生物存活下来的可能性就会大大降低。

处于危险之中的鳕鱼

由于鳕鱼（尤其是大西洋鳕鱼）数量的下降，其捕捞量也大大降低。很多传统渔民依然以捕捞鳕鱼为生，尽管捕捞的数量受到了严格的规定。

鳕鱼

门：脊索动物门

纲：辐鳍鱼纲

目：鳕形目

科：鳕科

种：24

鳕鱼是身长可以达到两米的海洋鱼类，主要分布在两极地区和温带海域，绝大多数在北半球。所有鳕鱼都有背鳍和一对臀鳍，没有脊柱。它们通常会结成鱼群进行长距离的迁徙和捕食活动。

Arctogadus glacialis
北极鳕

体长：31~33 厘米
体重：180 克
保护状况：未评估
分布范围：北极圈、大西洋东北部海域

没有触须的下巴
这是一个与众不同的特征，因为鳕鱼科的其他鱼类都有触须。

适应性
抗寒蛋白使得它们可以在寒冷的水域中生存。

北极鳕的外形优雅，尾巴分叉，嘴巴突出。通体银白，背部有豹纹状斑点。鱼鳍为黑色，鱼鳍与基部连接处有一条浅色条纹。北极鳕鱼是区域生物链中重要的一环，它们是很多鱼类、鸟类、海洋哺乳动物的主要食物。它们栖息在水下 20~45 米深的地方，有时可深入到水下 1000 米。它们是定栖类动物，分布广泛。偏爱低于 4 摄氏度的水温。幼鱼以海面浮游生物为食。成年鱼以蠕虫、海蟹、海虾、软体动物和其他较小的鳕鱼为食。

Boreogadus saida
北鳕

体长：30 厘米
体重：200 克
保护状况：未评估
分布范围：太平洋、北冰洋和大西洋北部海域

北鳕身形修长，尾鳍分叉明显。嘴巴突出，下巴上有小触须。通体银白，全身都有棕色的斑点。栖息于沿海海域，从海平面到深海都有它们的身影，有时甚至可达水下 900 米的深度；也经常去海岸线附近生活。血液中有抗寒蛋白，比较喜欢 0~4 摄氏度的水温，但也可以在更寒冷的温度下生存。北鳕血液中的抗寒蛋白，能使它们有效抵御寒冷。它们会结成鱼群来捕食浮游生物和磷虾，同时它们自己也是肉食性鲸类、海豹和远洋鸟类的食物。

繁殖
北鳕一生只在海岸边产一次卵。雌性北鳕平均产卵1.2 万枚。

侧线
北鳕的侧线上有斑点。

Micromesistius australis australis
南蓝鳕

体长：80~90 厘米
体重：750~850 克
保护状况：未评估
分布范围：南美洲南部和新西兰海岸海域

南蓝鳕身形呈纺锤状，背部为深蓝色，侧面有平行于背部的侧线，腹部呈银白色。背鳍、胸鳍和尾鳍为深色，腹鳍和臀鳍为浅色。头小眼大，嘴巴有半身长，牙齿很小。栖息深度为 50~900 米，适宜温度为 3~7 摄氏度。以浮游动物为食，同时也是巴塔哥尼亚地区肉食海洋生物的主要食物。夏天，它们生活在深海之中；冬天，它们成群地返回沿海海域。生活在新西兰海岸的南蓝鳕和南美洲的南蓝鳕没有任何关系，它们属于不同的鱼种。

Gadus morhua

大西洋鳕

体长：1~1.90 米
体重：60~100 千克
保护状况：易危
分布范围：大西洋北部和北冰洋海域

大西洋鳕身形匀称，背部颜色由棕色渐变为绿色或灰色，有深色斑点；腹部淡化为白色或银白色。身上有一条细长的、弯曲的侧线，延伸到胸鳍下方。上颌骨比下颌骨更突出，下颌骨上有一根白色的触须，呈钩状向下延伸。

它们的食物小到无脊椎动物，大到鱼类（主要是鲱属），捕食不分昼夜。白天不觅食时它们会结成鱼群，保护自身不受天敌追捕。通常栖息在水温 2~10 摄氏度的寒冷水域，一般在中部或海底附近，栖息深度可达水下 600 米。它们的繁殖取决于是否出现浮游生物，因为幼鱼以浮游生物为食。它们向北部迁徙的路线是按照鱼群过往惯例确定的。大西洋鳕一直以高价值的鱼肉和肝油为人们所熟知。

繁殖
雌性大西洋鳕每次可以产900 万枚卵。每年一次产卵期，高峰期为冬、春两季。

Pollachius pollachius

青鳕

体长：90~130 厘米
体重：15~18 千克
保护状况：未评估
分布范围：大西洋东北部海域和欧洲沿海

青鳕全身覆盖着小小的鳞片。有突出的颌骨，锋利的牙齿，可以精准地进行捕食活动。没有触须。背部为深棕色，腹部为银白色。栖息于冷水，喜结群。喜欢有岩石的近岸海域。主要以鱼类为食，偶尔也吃头足动物和甲壳类动物，例如虾和蟹。可以存活 10~15 年，在 4 岁时达到性成熟。身形较大、年龄较长的青鳕生活在较深的海域。

Merlangius merlangus

牙鳕

体长：40~70 厘米
体重：5~7 千克
保护状况：未评估
分布范围：大西洋东北部、地中海、黑海和爱琴海海域

牙鳕身形修长，头部尖窄，颌骨突出，触须较短或没有。以小型鱼类、软体动物、双壳类动物、多毛虫和头足类动物等为食。生活在 25~200 米深的淤泥、卵石或沙子的底层水域中。一岁以后迁徙到开阔的海域，那里有成群的牙鳕在等待着产卵。

Trisopterus luscus

条长臀鳕

体长：30 厘米
体重：1.5~2.5 千克
保护状况：未评估
分布范围：大西洋东北部、地中海

条长臀鳕身形修长，有 3 个分开的背鳍和臀鳍。嘴巴能伸缩。背部呈青铜色，边线呈深色，腹部呈银灰色。鱼鳍的颜色更深，接近黑色。栖息于寒带或温带海域 100~300 米深的底层水域。通常在冬春两季繁殖；雌性条长臀鳕可以产下 40 万枚卵，但容易被洋流打散。以小型甲壳类动物、蠕虫、软体动物和多毛虫等为食。年幼的条长臀鳕会聚集成巨大的鱼群活动。

鱼群
通常是大小、年龄相同的鱼类聚集为鱼群。

无须鳕及其他

门：脊索动物门
纲：辐鳍鱼纲
目：鳕形目
科：4
种：458

无须鳕科生活在大西洋和太平洋东南部；褐鳕科分布在大西洋、加勒比海和地中海；鼠尾鳕科生活在深海，由于其身形窄小，脑袋却宽大，因此也叫作“老鼠的尾巴”；江鳕科是海鱼，只有一种江鳕生活在淡水里。

Lota lota

江鳕

体长：1~1.5 米
体重：27~34 千克
保护状况：无危
分布范围：欧亚大陆

江鳕的身形为长圆柱状，背鳍和臀鳍长度约为身体长度的一半。身体呈深黄绿色，有深色斑点。数量众多，栖居在氧气充足的北部河流和大湖泊中。在有盐度的河口处也有它们的踪迹。以小鱼和大型无脊椎动物、浮游生物、甲壳类生物、水昆虫和鱼卵为食。在2~3岁时达到性成熟。它们是定栖类动物，但也进行短距离迁徙。在夜间进行繁殖，交配的对象多至20条：它们在河流下游形成一个直径6米的圆圈，并不断运动，排卵、排精。鱼卵的孵化时间在40~70天之间。

行为

和多数淡水鱼相比，江鳕在冬天很活跃，甚至在冰层下也是如此。

Merluccius hubbsi

赫氏无须鳕

体长：60~90 厘米
体重：6~8 千克
保护状况：未评估
分布范围：南美洲大西洋海域

赫氏无须鳕身形为纺锤状。头部很短，呈圆锥形。胸鳍短而宽，尾鳍像被截断了一样。背部呈青灰色，腹部呈白色。雌性赫氏无须鳕的数量比雄性多。几乎全年都可繁殖。主要栖息在水下200米深、4~7摄氏度的海域，并在那里进行垂直迁徙。夏天向南迁徙到较浅海域，冬天再往北迁徙。成群地生活在大陆坡上。主要以小型鱼类、鱿鱼和大型浮游动物为食。同时，它们也是鳐和鲨鱼的食物。人们每年都会大量捕捞赫氏无须鳕，其具有重要的地域性价值。

Hymenocephalus italicus

大西洋膜首鳕

体长：20~25 厘米
体重：250~300 克
保护状况：未评估
分布范围：美洲、非洲沿岸的大西洋海域

细长的尾巴

细长的尾巴使它们有了另外两个名字：老鼠尾巴和壁虎鱼。

大西洋膜首鳕的外形比较粗陋：嘴巴又大又斜，眼睛很大，身体表面不对称且粗糙，背鳍小而多鳍条，胸鳍很小。身体其他部分较窄，比头部低。身体呈银白色，部分透明，头部尤其明显。

大西洋膜首鳕主要以深海桡足亚纲动物、端足目动物、海虾、对虾、甲壳类动物和小型鱼类为食。同时，它们也是一些鳕鱼（例如北美大鳞无须鳕）的食物。生活在温带和亚热带海域，栖息深度为水下 100~1400 米，主要集中在水下 500 米处。

颜色

大西洋膜首鳕体色很浅，因为它们长期生活在太阳光无法到达的地方。

Coelorinchus fasciatus

斑纹腔吻鳕

体长：40 厘米
体重：400 克
保护状况：未评估
分布范围：大西洋、太平洋南部海域

斑纹腔吻鳕身体很高，头坚硬，眼大。身体后半部是尖尖的。肛门前面有一个发光器官。体被栉鳞，按行排列。嘴巴和腹部在同一高度，相对较小，触须很短，两颌的牙齿很小。身体呈浅棕色，好几条鱼线垂直分布在鱼身上。这些线使得它们能够很容易地和周围相似的鱼类区分开来。斑纹腔吻鳕的腹部呈蓝色，肛门周围更蓝，鱼鳍呈黑色。如果鱼梗骨受损，可以自动修复。

以深海、海底甲壳类生物为食。主要生活在水下 400~800 米的海域，尽管在水下 50 米或 1100 米的地方也偶有分布，但是温度一定要在 4~6 摄氏度之间。

Albatrossia pectoralis

细鳞壮鳕

体长：8.5~21 厘米
体重：0.86~1.9 千克
保护状况：未评估
分布范围：亚洲和北美洲沿岸的太平洋北部海域

细鳞壮鳕嘴巴很大。和窄小的身体相比，头部和腹部也很大。身体颜色很浅，呈浅灰棕色，侧面的条纹颜色和鱼鳍的颜色都很深，尾鳍尖呈玫瑰红色。

在底层或中层海域捕食，主要以头足动物、鱼类、对虾和少量的海胆、蠕虫、蟹和端足目动物为食。卵生，幼体为浮游生物。也属于定栖类生物（不进行迁徙），栖息深度为 140~3500 米，但通常栖息于 700~1100 米深、水温 4~7 摄氏度的水域中。寿命可达 50 年以上。是壮鳕属的唯一成员，也是唯一具有又长又尖尾巴的鼠尾鳕科鱼类。

Urophycis chuss

红长鳍鳕

体长：66 厘米
体重：3.6 千克
保护状况：未评估
分布范围：北美洲北海岸的大西洋西北部

红长鳍鳕有两个背鳍、一个和尾鳍分开的臀鳍。身体的颜色在红青色和棕色之间变换，背部呈黑色，有时也会出现斑点。体侧较白，有深色的斑点；腹部和头部下方近似白色；鱼鳍呈深色。通常栖息于 110~130 米深的温带海域，有时也会深入到水下 1100 米，但水温通常在 8~10 摄氏度之间。它们在海底的泥沙中捕食，会避免碰到岩石或碎石。幼鱼生活在较浅海域，成年鱼则生活在较深海域，夜间捕食对虾、端足目动物、其他甲壳类动物和鱿鱼。白天则待在海床周围。鱼卵透明，产卵后会让鱼卵漂浮在海中直至孵化。

迁徙

红长鳍鳕是大洋洄游性动物，它们只在大陆架区域进行迁徙。

银汉鱼和鲻鱼

大部分银汉鱼和鲻鱼都成群生活，鱼群数量很大，作为一个整体移动。鱼身的颜色比较暗，色彩也比较单一，有助于它们形成一个整体。它们是杂食性动物，擅长游泳。人类和很多大型鱼类都在寻找这两种鱼的踪迹。

一般特征 26

鲻鱼 28

银汉鱼 29

一般特征

鲻鱼和银汉鱼的鱼肉都很珍贵，海水和淡水中都有它们的身影。它们是群居动物，颜色不太引人注目。除非有特殊情况，否则总是成群活动。在鱼群中，雄性鱼和雌性鱼的差别很大。它们的颌骨上有细小的牙齿或者没有牙齿。食性杂，不专一，鱼类、甲壳类动物都可作为它们的食物。采取体外受精的方式繁衍后代。

门：脊索动物门

纲：辐鳍鱼纲

目：2

科：1

种：81

共同特点

鲻鱼和银汉鱼的腹鳍位于胸鳍的后方。总体来说，这些鱼的显著特点就是有两个分开的背鳍。银汉鱼有灵活的鱼鳍，鲻鱼有 4 个强劲而有鳍条的鱼鳍，这是它们远游的保障。鲻鱼和银汉鱼是远亲，根据其相似的生活方式可以找到共同特点。它们都非常活跃，不停地游泳，包括那些生活在河流与湖泊中的鱼类，如黑带银汉鱼科的鱼类。鱼鳔是重要的呼吸器官，为鱼提供浮力。鱼鳔和消化系统没有直接关联，但是通过毛细血管网进行气体交换，而这有助于鱼鳔内氧气和二氧化碳的扩散。

特殊的繁殖方式

精器鱼科（银汉鱼目）的成员都是半透明的鱼类。雄性鱼的腹鳍都聚集在一起，构成了性交器官的一部分，位于胸部。所谓的阴茎持续勃起主要靠腹鳍的肌肉和骨骼，腹鳍会移动到喉部的下方。雌性鱼没有腹鳍。

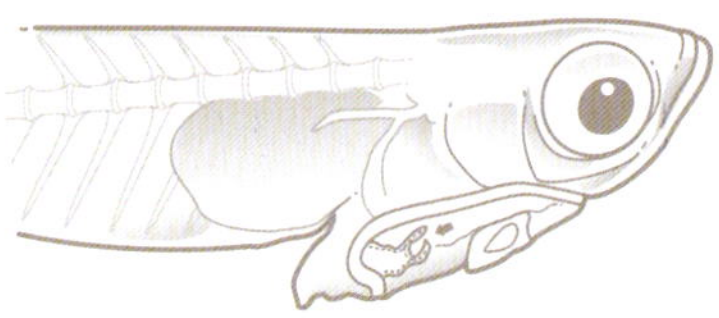

雄性

腹鳍进行部分改变以适应阴茎的持续勃起。腹部的尾骨肌也是雄性精器鱼的显著特征。

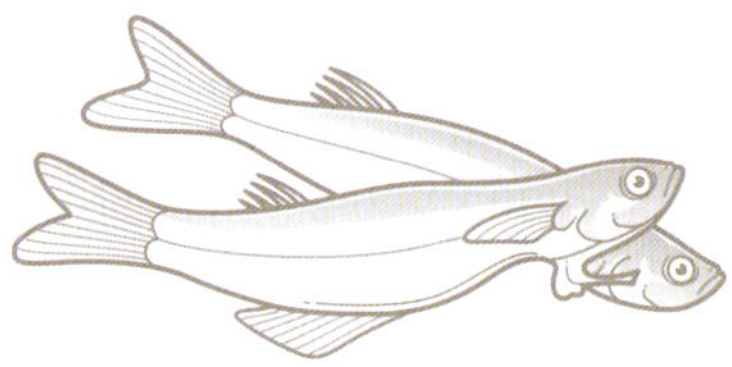

交配

由于繁殖器官的特殊构造，雄性精器鱼在交配时会紧紧固定住雌性精器鱼。它们会交配一段时间，结束时会疯狂地甩开对方。

银汉鱼

银汉鱼目都有一个显著的特征：它们的侧面都有一条白色的条纹。有些银汉鱼的背鳍和臀鳍是线形的。

银汉鱼和鲻鱼都对海水的盐度有很强的适应性。有些银汉鱼和鲻鱼能适应湖泊、河口环境的不断变化；另一些可以从大海迁移到湖泊或河流中，例如机鲻（*Mugil platanus*）。侧线是水生动物的重要器官，成年鱼身上的侧线已经不明显，有些银汉鱼或者鲻鱼甚至没有侧线。鲻鱼及其同科鱼类在形态和生活习惯上属于同一目。都是深海鱼，群居，成群游动。分布在温带和热带沿海水域。侧面和胸部呈白色，背部呈青灰色。银汉鱼及其同科鱼类可以和海水或淡水中生活的鱼类聚集为鱼群。它们的明显特征是身体中间的一条银白色的线。

食物

银汉鱼和鲻鱼是杂食动物，通常吃藻类植物。成年银汉鱼和鲻鱼的肠道很长，肌肉发达，例如鲻鱼的肠道就能够消化并吸收大量营养物质。从这个角度来说，银汉鱼和鲻鱼可以归为浮游食性动物，喜欢吃经过鳃过滤的小型海藻和硅藻，也吃海底泥沙中的有机岩屑。鲻鱼的捕食活动是每天都要进行的，也会根据海水温度和天敌的多少进行季节性的调整。不同种类的鱼各自聚为鱼群，在夜间尤其如此。银汉鱼和鲻鱼的数量之多使其成为食物链中重要的一环，它们是很多脊椎动物和无脊椎动物的天敌。

繁殖

由于所有鱼类都是群居生物，成千上万条鲻鱼及其同科鱼会聚集成鱼群，一同游到产卵地，在较浅的海域产下鱼卵。一些生活在河流中的鲻鱼会游到盐度较低的水域中产卵。另一些鲻鱼会在河流上游产卵，幼鱼会在再次游回上游之前在短时间内被水流冲走，鱼卵得不到应有的照看。有些鱼卵漂浮在水中，另一些则附着在岩石和周围有黏性物质的植物上。幼鱼在消耗完卵黄之后，就以小型无脊椎动物和藻类为食。鲻鱼通常在海湾、湖泊和河流中生活，只有达到足够的年纪才会进行繁殖。银汉鱼及其同科鱼在繁殖之前不会进行长时间的求偶。银汉鱼会产下大量鱼卵，这些鱼卵大都是通过体外受精得到的，尽管也有一些是通过生殖器官接触来完成体内受精的。鱼卵成排地附着在水生植物上。有些种类的鱼会游几千米，把卵产在河流或海湾中，幼鱼可以在那里自己觅食。幼鱼成年之后才会回到海洋生活，银汉鱼中的很多种类都是这样（所有的牙汉鱼属）的。

成长

银汉鱼目的幼鱼有一些共同特点，例如身体呈黄绿色，腹部有金属光泽，鱼鳍很发达。

颜色
银汉鱼的颜色主要体现在垂直鱼骨和头部周围。

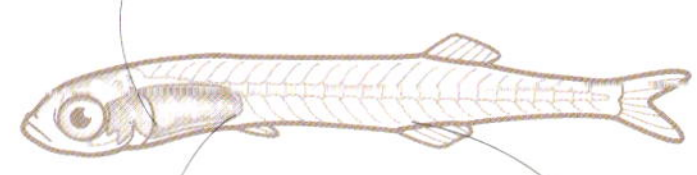

内脏
银汉鱼的内脏外覆盖着一层蓝色的、有金属光泽的反射层。

鱼鳍
银汉鱼卵的鱼鳍在孵化之后才变得比较明显。

鲻鱼
鲻形目的深海鱼类有一个显著特点：有两个分开的背鳍。有些鲻鱼的颌骨突出，有很多牙齿。

彩色的鱼

与银汉鱼目中的其他鱼不同，有些鱼的颜色引人注目，且具有性别二态性。所谓的彩虹鱼（黑带银汉鱼科）、蓝眼睛鱼（鲻银汉鱼科）、蜡烛鱼（沼银汉鱼科）等鱼除了身体的颜色醒目之外，鱼鳍的颜色也很多彩。

拉迪氏沼银汉鱼
Marosatherina ladigesi
这个名字得益于它的身形，背鳍、臀鳍的形状和颜色。背鳍和臀鳍很长，通常为黄色和黑色。

格氏似鲻银汉鱼
Pseudomugil gertrudae
它有深邃的蓝眼睛，鱼鳍较大，呈黄色、蓝色或绿色，且伴有黑色斑点。雌鱼体形更加瘦小。

三带虹银汉鱼
Melanotaenia trifasciata
三带虹银汉鱼会在不同的地方变成不同的颜色。它可以在蓝色、红色、绿色和黄色之间变化。

鲻鱼

门：	脊索动物门
纲：	辐鳍鱼纲
目：	鲻形目
科：	鲻科
种：	72

鲻鱼的主要栖息地为热带、温带海域，也有一些生活在海湾和淡水水域。现在，鲻鱼是辐鳍鱼纲中最基本的鱼类。聚集为鱼群，以岩屑和海底小型海藻为食。它们的肠道非常长，足可以消化这些食物。有些鲻鱼没有牙齿，另一些鲻鱼即使有牙齿，也非常细小。

Mugil cephalus

鲻

体长：1.2 米
体重：12 千克
保护状况：无危
分布范围：热带、亚热带、温带所有海域

鲻的地理分布范围很广，生活在沿海海域和海湾中，也可以溯游到河流。通常生活在水下 10 米，也可以深入水下 120 米。一般在白天活动，通常聚集成鱼群。鲻偶尔会跃出海面，可能是为了捕食，也可能是为了躲避天敌。以浮游生物、岩屑、小型藻类和海底有机生物为食。在淡水中生活时，主要以水藻为食。在其生命周期中，并没有一定要在淡水中生活的阶段。秋季为繁殖季：成年鱼成群结队地游到更深的海域，并在那里产卵；幼鱼则游到水温更高的海湾和海洋中。

共生

鲻以附着在海牛身上的藻类为食。

胸鳍

和大多数鱼不同，鲻的胸鳍嵌在鱼背部更加靠后的位置。

颜色

鲻的背部为橄榄绿色；腹部为白色；侧面为银白色，有时伴有黑色条纹。

食岩屑

当鲻需要在海底沉积物表面寻找食物时，会重新回到海底。因此，鲻在河流生态系统的能量转换中起着很重要的生态作用。

Mugil curema

库里鲻

体长：90 厘米
体重：680 克
保护状况：未评估
分布范围：大西洋东海岸和西海岸、太平洋东海岸

库里鲻的背部呈蓝色或绿色，侧面呈银白色。这些颜色能使它们和周围的环境很好地融合在一起，以躲避天敌。幼鱼的鳃盖后有一块金色或黄色的斑点。库里鲻是鲻鱼中最常见的品种。主要生活在沿海海域的泥沙底层水域，也可生活在湖泊或河流的泥底。是深海鱼，成群生活。在淡水中生活的库里鲻要到海中产卵。库里鲻雌雄同体，产卵的同时也会留下精子。幼鱼出生时，包裹在卵黄囊中，不需要捕食。出生28天后，幼鱼会从海中迁徙到海湾或湖泊中。

Crenimugil crenilabis

粒唇鲻

体长：60 厘米
体重：750~850 克
保护状况：未评估
分布范围：印度洋、太平洋、红海海域

粒唇鲻栖息于海洋或咸水水域。栖息深度可达水下 20 米，但通常在海洋表层生活。主要栖居在珊瑚礁周边区域、潮间带、泥底湖泊中。是杂食性动物，在觅食过程中会过滤掉海底沉积物，留下岩屑、藻类和微生物。在繁殖季会成群产卵，通常是夜间在浅而开阔的海域产卵。鱼卵在深海生存，不附着在任何生物上。

银汉鱼

门：脊索动物门

纲：辐鳍鱼纲

目：银汉鱼目

科：9

种：353

银汉鱼不仅生活在海洋中，也生活在淡水和盐水中，尤其是温带地区的水域。它们身上布满银白色鳞片，侧面有一条闪亮的银白色条纹。有的银汉鱼是五颜六色的。有两个背鳍，前面的背鳍灵活且鳍条多。银汉鱼会聚集为有成千上万成员的鱼群一起生活。

Atherinomorus lacunosus

南洋美银汉鱼

体长：25 厘米
体重：200 克
保护状况：未评估
分布范围：印度洋、太平洋、从非洲东部一直到夏威夷附近海域

南洋美银汉鱼生活在有珊瑚礁的热带和亚热带海域。栖息深度可达水下 40 米。也可以在盐水中生活。成群地生活在沙滩和珊瑚周围。以浮游生物和小型海底无脊椎生物为食。南洋美银汉鱼是很多大型鱼类的重要食物。南洋美银汉鱼的商业价值主要体现在它作为食物而非作为鱼饵。

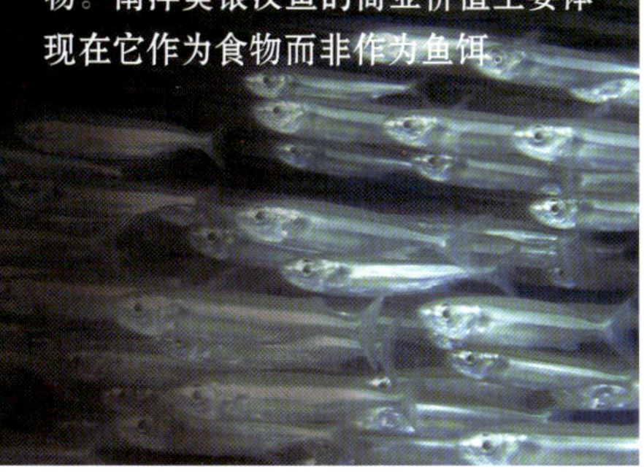

颜色

体色在棕色、明黄色和绿色之间变换。背部的二分之一呈较深的颜色。

Hypoatherina barnesi

巴氏下银汉鱼

体长：10 厘米
体重：750~850 克
保护状况：未评估
分布范围：印度洋、太平洋

巴氏下银汉鱼体形虽小，但成群生活，这是它们对付天敌的策略。很多大型鱼类都以小型银汉鱼为食。当它们成群生活时，更容易发现天敌，以便早作应对。人们有时会在白天看到巴氏下银汉鱼跳出水面，这也是为了躲避捕食者。它们栖居在有珊瑚礁的热带海域，或者周围有岛屿的湖泊中。有趋光性。没有商业捕捞价值。

Leuresthes tenuis

加利福尼亚滑银汉鱼

体长：19 厘米
体重：180 克
保护状况：未评估
分布范围：从美国到墨西哥之间的太平洋海岸

繁殖策略

水外孵化能提高孵化期间幼鱼的成活率。

颜色

加利福尼亚滑银汉鱼身形修长，背部呈蓝绿色，侧面呈银白色。

加利福尼亚滑银汉鱼生活在亚热带海域水下 18 米的深度。通常活动于沿海海域和海湾表层水域。每年，海滩上都遍布加利福尼亚滑银汉鱼的鱼卵。当潮水涨满时，即月圆之后的 3~4 天，它们会在夜间随着潮水离开海滩，回到海中。雌性加利福尼亚滑银汉鱼会把身子弓在泥沙中，挖一个洞。蜷曲着身体进入洞中，只留头部在外面。它们把鱼卵安放好，等待雄性加利福尼亚滑银汉鱼进入洞中。雄性环绕在雌性鱼周围，留下精子后就返回大海。在退潮之后的 10 天里，鱼卵会在泥沙中孵化。孵化后幼鱼会在下一次涨潮时回到海中。

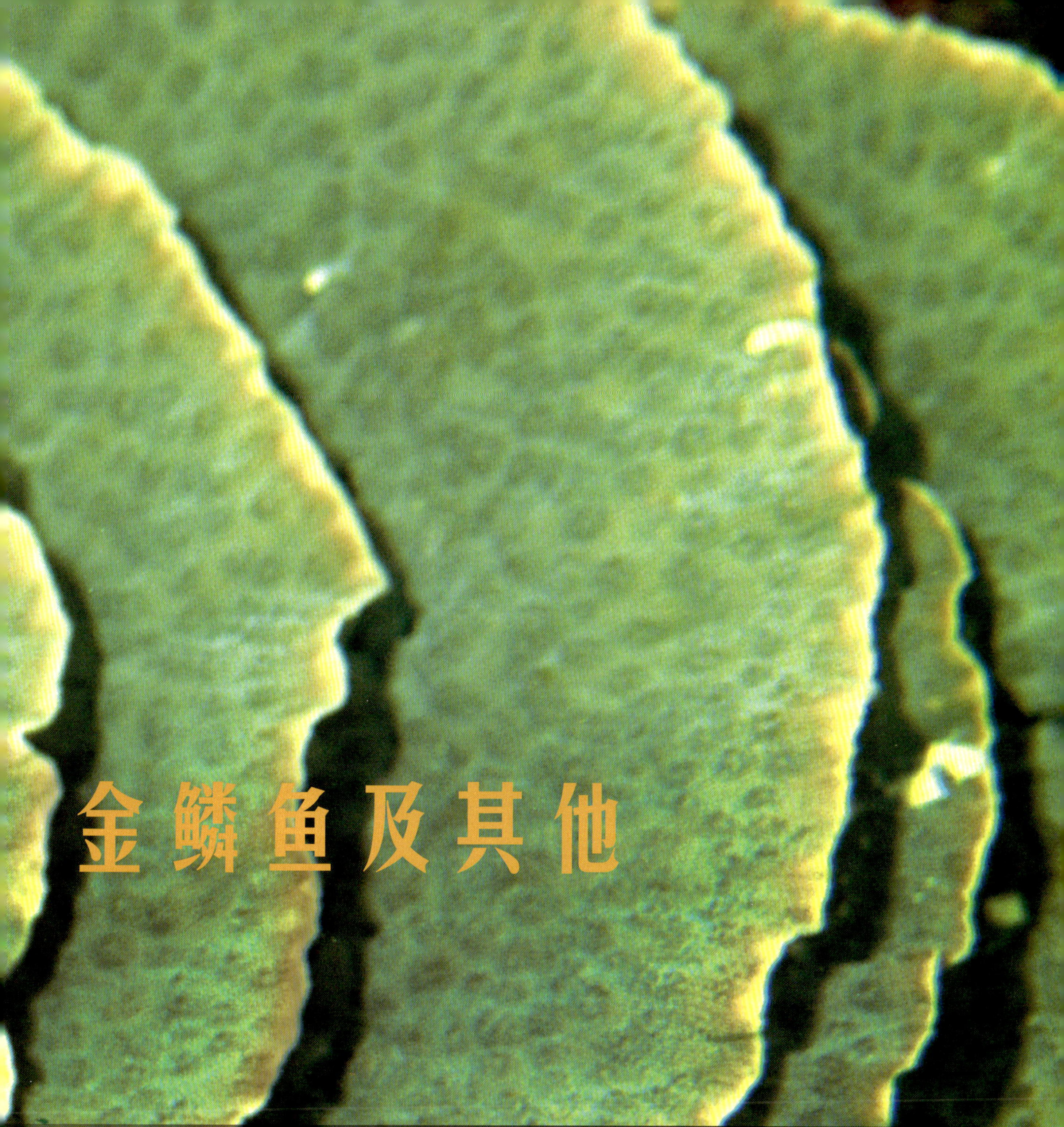

金鳞鱼及其他

金鳞鱼主要栖息于海底洞穴、深海，属于可变色的中小型鱼类。有些金鳞鱼有明显特征，例如有生物发光器官。它们是一个数量巨大且可变的群体，这也是海洋环境多样性的一种体现。

一般特征 32

金鳞鱼及其相关鱼类 34

远东海鲂及其他 37

一般特征

金鳞鱼生活在浅水珊瑚礁周围，鲷和灯眼鱼在深海生活。以小型无脊椎动物和其他鱼类为食。有些金鳞鱼是橙红色的，鳞片很大、尾鳍分叉是其显著特征。远东海鲂及其同科鱼通常生活在深海。它们身形扁平，呈椭圆形，腹鳍比胸鳍长。

门：脊索动物门

纲：辐鳍鱼纲

目：2

科：13

种：162

身形特点

金眼鲷目在辐鳍鱼纲中处于中间位置，身体构造比较简单。嘴巴大而斜。金眼鲷目和鲈形目有许多共同特征，例如鳍条多的鱼鳍和闪亮的鱼鳞，由很多小硬骨组成的眶蝶骨。腹鳍位于胸部或小腹部，有3~13个软鱼鳍。人们把金鳞鱼归入鲈形总目，因为它们的尾鳍由18或19个鳍条组成（其他鲈形目鱼的尾鳍都由17个鳍条组成）。眼睛下方的区域可以变小。所有金鳞鱼的眼窝上下的感官血管前半部分都有变化。它们腹鳍和胸鳍都很特别。

金鳞鱼是中小型鱼类，长度在8~61厘米之间。眼睛很大，有些全身都覆盖着鳞片，眼睛下方有发光器官。人们也根据其腹鳍的软线数量对其命名。金鳞鱼科是数量最多的科，以从头至尾的通体红色著称，尾巴分叉不明显。鳞片有时带鳍条。海鲂目以鳃骨、背鳍骨和头颅骨的共同特点著称。其身形高大、扁平、呈碟片状。上颌骨可伸缩，上颌骨和犁骨上有很多细小的牙齿。成年鱼可改变大小，例如，小海鲂可以从10厘米变到90厘米，5.3千克的南非海鲂也可以改变体形大小。

金眼鲷目

人们不太了解金眼鲷目的鱼类，它们中有些是深海鱼。特点是扁平的身体和大大的眼睛。

假眼

远东海鲂（*Zeus faber*）的侧面都有一块较大的斑点，颜色较深，外围呈黄色。斑点可以给天敌造成困扰，难以区分远东海鲂的真正面貌。

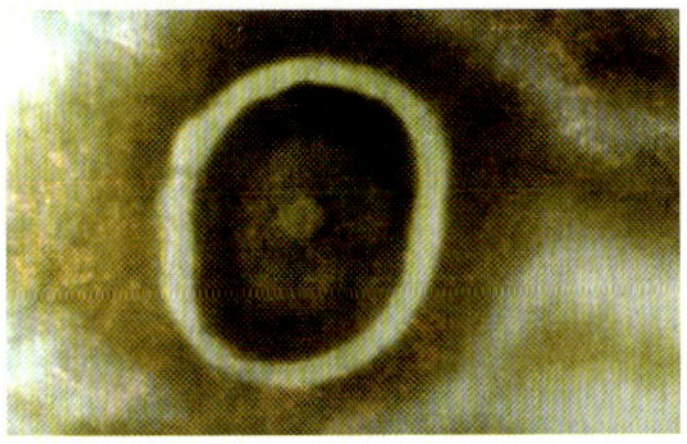

海鲂目

海鲂目的鱼类鱼身坚硬且扁平，有较长的腹鳍。在大陆架周围生活。

大部分金鳞鱼是银白色、青铜色、棕色或者红色的。有些金鳞鱼可以在几秒钟之内从银白色变为深棕色或者灰色。雄性金鳞鱼和雌性金鳞鱼颜色相似。背鳍有5~10个鳍条；臀鳍有0~4个鳍条；腹鳍有1个鳍条和5~7个软刺状硬骨，或者没有鳍条（只有6~10个软刺状硬骨）；一个尾鳍有11、13或15个刺状硬骨，有9、11或13个分叉的线。背鳍、臀鳍和胸鳍都不分叉。没有眶蝶骨和眼下骨。有7或8条鳃线（也就是说，很多条骨骼支撑着鳃盖下面的区域）和3~5个鳃。有鱼鳔。脊柱有25~46节椎骨。

栖息地和食物

金眼鲷目有很多不同的栖息地。有些生活在较浅海域的热带珊瑚礁周围或洞穴中；白天休息，夜间捕食。另一些生活在深海（主要在大陆架周围，水下1609~2012米之间）。海鲂目的鱼类大多都生活在海底，在大陆架上或者大陆架下。栖息深度为35~1550米。有些海鲂目的鱼类经常在两片海域之间游动，也有的生活在海水表层。幼鱼栖息于开阔海域中的特定区域。成年鱼可以在柔软的海底（沙子或淤泥）生活，也可以在坚硬的海底（岩石）生活。是肉食性动物，主要以鱼类为食，但同时吃头足类动物和甲壳类动物。大一些的幼鱼和小一些的成年鱼（甲眼的鲷科和线鳞鲷科）以浮游动物为食（桡足亚纲动物、小鱼和甲壳类幼虫）。大型成年鱼只会被大型捕食者攻击，例如一些鲨鱼。幼鱼和小一些的成年鱼是食肉鱼类的主要食物。

繁殖

海鲂目鱼类有独立的性别，雌性比雄性体形大。它们产卵时难以被发觉。在海中交配，然后排卵、排精。鱼卵和幼鱼起初逗留在深海，之后会漂浮至海洋表面。鱼卵呈球形，直径为1~2.8毫米。鱼卵没有巢穴的保护。人们对于海鲂目鱼类的繁殖过程不太了解。据猜测，它们是体外受精，卵子和精子都在体外。交配时，雄性海鲂目鱼类和雌性海鲂目鱼类会发出噼啪声和咕噜声。雄性海鲂目鱼会紧贴雌鱼的一侧，向雌鱼展示它扇形的尾巴。

有发光器的鱼类

灯眼鱼的特别之处就在于它们的生物发光器官。这个特别的科和产生光的细菌之间已经形成了一种共生关系，因为灯眼鱼为微生物提供了生存环境。同时，它们发出的光吸引了浮游动物，这不仅是它们的食物，也是它们和同类进行交流的媒介。一些其他科的鱼类也有发光器官，例如松球鱼科。

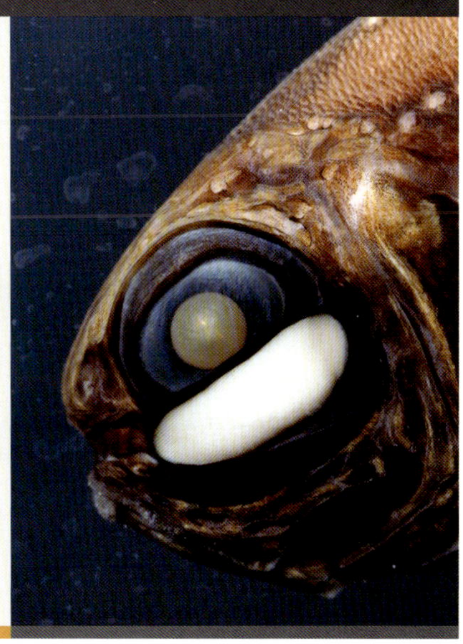

停止发光

发光器官被一层深色的细胞膜覆盖。细胞膜在天敌靠近时，可以隐藏其发出的光。

金鳞鱼及其相关鱼类

门：脊索动物门
纲：辐鳍鱼纲
目：金眼鲷目
科：7
种：123

金鳞鱼是具有简单而原始特点的海洋鱼类。人们根据其背鳍的形态进行分类，背鳍是金鳞鱼分类的重要依据。金鳞鱼科的鱼生活在珊瑚礁周围。在晚上比较活跃。眼睛很大，大部分都是红色的。有些金鳞鱼生活在深海，有发光器官。

Neoniphon marianus

海新东洋鳂

体长：18 厘米
保护状况：易危
分布范围：从佛罗里达到安第斯山脉的大西洋沿海海域

海新东洋鳂生活在有珊瑚礁的热带海域，栖息深度通常为 30~60 米，有时也在海洋表面生活。鱼鳍由很多坚硬的鳍条组成，其中臀鳍最发达。前端可以伸长为一根长而尖的鳍条。鳃盖骨的后边缘呈锯齿状。眼睛很大。鱼身呈橙色、黄色和闪亮的银白色。鱼身两边有水平的黄色侧线。

主要以中型虾和蟹为食。不过，对其胃部食物的研究报告显示，它们也吃藻类。

嘴巴
下颌骨比上颌骨突出。

Holocentrus rufus

长刺真鳂

体长：35 厘米
保护状况：未评估
分布范围：从美国的佛罗里达到巴西的大西洋沿岸海域

长刺真鳂体形中等，鱼身微扁平，尾梗修长。尾鳍长且有分叉，上方的鳍条较长。背鳍的硬鳍条有明显的白尖，软鳍条也很长。

栖居在有珊瑚礁的浅水海域。是夜行性动物，白天藏在沟壑或洞穴中，晚上游到柔质海底觅食。以甲壳类动物、软体动物、海星和其他无脊椎动物为食。

Myripristis jacobus

黑条锯鳞鱼

体长：25 厘米
保护状况：未评估
分布范围：热带和亚热带大西洋的东、西海岸

黑条锯鳞鱼身形较扁平。背部呈红色，腹部呈银白色，脑部后面有一条红色和黑色的线。眼睛不大。鳃盖骨没有鳍条，鳃盖骨后方边缘比较光滑，或有一些锯齿。背鳍分为两部分：前半部分的鳍条是硬的，后半部分的鳍条是软的。

栖息范围很广，从有珊瑚礁的较浅海域一直到有岩石的水下 90 米深的地方。主要以浮游生物为食。夜间比较活跃，通常聚集为鱼群生活。

软边
鱼鳍边缘的颜色和鱼身的红色不同。

鳞片
鳞片位于膜上，将背鳍和臀鳍分开。

Neoniphon sammara

条新东洋鳂

体长：32 厘米
保护状况：未评估
分布范围：印度洋、大西洋海域

条新东洋鳂生活在有珊瑚礁和水草的热带海域，栖息深度可达 46 米。鳃盖骨后端呈锯齿状，有两个鳍条。前鳃盖骨的鳍条连着一个有毒的腺体。它们比同类鱼更受关注，也更胆小。白天聚集为小鱼群，在珊瑚礁附近捕食等足目动物。夜间捕食虾、蟹和小型鱼类。

Sargocentron spiniferum

尖吻棘鳞鱼

体长：51 厘米
体重：2.55 千克
保护状况：未评估
分布范围：印度洋、太平洋海域

尖吻棘鳞鱼是同科鱼中最大的代表性鱼类。经常独来独往，栖息于珊瑚礁中。幼鱼生活在海洋表面，这样可以保护自己。栖息深度可达 122 米。白天藏在不同的珊瑚礁中，夜间出去觅食。以蟹、虾和小鱼为食。

鱼身颜色鲜艳，几乎都覆盖着白边红鳞。背鳍呈胭脂红色，其余的鱼鳍呈橙红色。嘴巴很长，颌骨可以延长至眼眶。鳃盖骨后缘呈锯齿状，延展出两个鳍条。前鳃盖骨的鳍条有毒。鼻骨前面也有两个短鳍条。

特点
尖吻棘鳞鱼的眼睛后面有一块胭脂红的斑点，这是区分它和同类鱼的重要依据。

毒性
鳍条的腺体会产生毒素。遇到其他动物时，会释放毒液，毒液通过鳍条注射到其他动物的身上。

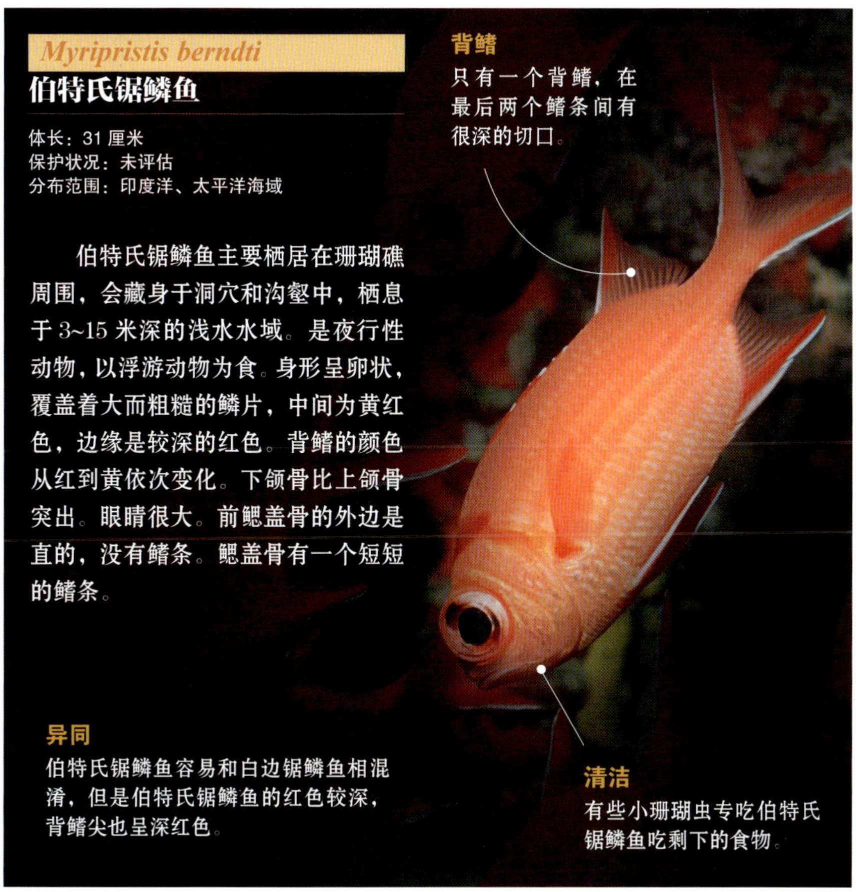

Myripristis berndti

伯特氏锯鳞鱼

体长：31 厘米
保护状况：未评估
分布范围：印度洋、太平洋海域

伯特氏锯鳞鱼主要栖居在珊瑚礁周围，会藏身于洞穴和沟壑中，栖息于 3~15 米深的浅水水域。是夜行性动物，以浮游动物为食。身形呈卵状，覆盖着大而粗糙的鳞片，中间为黄红色，边缘是较深的红色。背鳍的颜色从红到黄依次变化。下颌骨比上颌骨突出。眼睛很大。前鳃盖骨的外边是直的，没有鳍条。鳃盖骨有一个短短的鳍条。

背鳍
只有一个背鳍，在最后两个鳍条间有很深的切口。

异同
伯特氏锯鳞鱼容易和白边锯鳞鱼相混淆，但是伯特氏锯鳞鱼的红色较深，背鳍尖也呈深红色。

清洁
有些小珊瑚虫专吃伯特氏锯鳞鱼吃剩下的食物。

Photoblepharon palpebratum

灯眼鱼

体长：12 厘米
保护状况：未评估
分布范围：印度洋、太平洋、红海海域

灯眼鱼生活在珊瑚礁周围，其显著特点是眼睛下方有发光器官。一些科学家认为，这个器官有助于其发现猎物；另一些科学家则认为，发光器官是用来吸引猎物的。发光器官也可以用来躲避天敌：遇到危险时，灯眼鱼会发出快速的闪光，假装向一个方向逃跑，实际上它们已立即关上灯从另一方向逃走。栖息深度为 7~25 米。白天隐藏起来不活动。

Anoplogaster cornuta

角高体金眼鲷

体长：18 厘米
体重：无数据
保护状况：未评估
分布范围：温带和热带水域

角高体金眼鲷是深海鱼（生活在深海），栖息深度为水下 5000 米。它们行动缓慢，这样可以避免消耗过多能量，因为深海中可捕食的鱼类很少，能量很难恢复。巨大的牙齿和强健的肌肉给颌骨提供活动的动力，使其能够更高效地捕鱼。捕食到的鱼类被紧紧咬在牙齿之间，即使个头很大也难以挣脱。主要以深海鱼和甲壳类生物为食。大概通过化学感应系统探测猎物，悄悄靠近，再突然袭击。刚出生的幼鱼是浮游生物。幼鱼通常栖息于海水表层，牙齿比成年鱼小。聚集为小型鱼群，或独来独往。

深海区

深海区指水下1000~4000 米深的区域。那里终年黑暗，生存压力极大。

Monocentris japonica

日本松球鱼

体长：17 厘米
保护状况：未评估
分布范围：印度洋、太平洋西岸海域

日本松球鱼全身覆盖着大而结实的鳞片。鳞片为黄色，边缘为黑色。生活在有珊瑚礁的热带海域。栖息深度为水下 10~200 米。经常藏在洞穴或珊瑚里。下颌骨两侧有两个发光器官。发光器官里有能够发光的细菌。其发光颜色随周围光线的强弱而改变：白天是橙色，夜间是蓝绿色。

Plectrypops retrospinis

琉球鲵

体长：15 厘米
保护状况：未评估
分布范围：从美国南部到巴西沿岸的大西洋海域

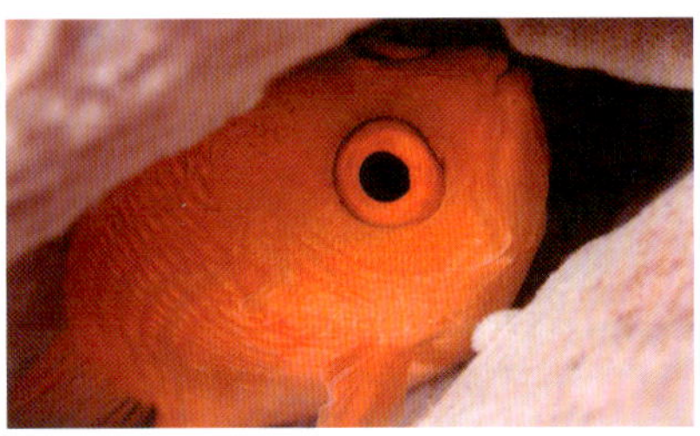

虽然琉球鲵可以在较浅的海域生活，但它们通常栖居在有珊瑚礁的深海。白天藏在洞穴和沟壑中。以海底无脊椎动物为食，主要捕食虾、蟹和多毛虫。它们体形较小，身体坚实，骨骼围绕眼睛形成，体侧有指向外的短鳍条。尾鳍有圆圆的突起物。

Centroberyx gerrardi

裘氏拟棘鲷

体长：66 厘米
保护状况：未评估
分布范围：主要在澳大利亚南部沿岸太平洋海域

裘氏拟棘鲷生活在温度为 13~18 摄氏度的温带海域，栖息深度为水下 10~500 米。栖居在大陆架的岩石礁和有泥沙的海底场所。鱼身覆盖着橙色的鳞片，侧线呈白色，鱼鳍的前边线也是白色。背鳍连在一起，鳍条很长，由前端一直延伸到后方。腹鳍有一个变形的鳍条。

Beryx splendens

红金眼鲷

体长：70 厘米
体重：4 千克
保护状况：未评估
分布范围：热带和亚热带海域

红金眼鲷分布广泛，栖息深度为水下 400~600 米。成年鱼生活在离大陆架较远的地方，可以到达水下 1300 米的深度，甚至是海底山脉附近的水域。主要以鱼类、甲壳类动物和头足类动物为食。在繁殖季节可以产卵 10~12 次，每次间隔 4 天。鱼卵和幼鱼都生活在深海。

远东海鲂及其他

门：脊索动物门

纲：辐鳍鱼纲

目：海鲂目

科：6

种：39

远东海鲂是海鱼，主要生活在深海。总体来说，身形扁而高，领骨突出。大多数远东海鲂都是白色的，身上有一些深色的斑点。前半部分鱼鳍的鳍条很硬，而后半部分的鳍条很软。

Antigonia rubescens

红菱鲷

体长：15 厘米
保护状况：未评估
分布范围：太平洋、印度洋东部海域

红菱鲷生活在大陆架海域的海水底层，栖息深度为水下 50~750 米，以深海无脊椎动物为食。也可以迁徙到海洋表面生活，以浮游动物为食。

鱼身扁平，从侧面看呈平行四边形。全身覆盖着玫瑰色或者红色的鳞片。嘴巴小且斜，上颌骨突出。牙齿很小，呈圆锥形，两颌都有牙齿，上颚没有牙齿。头部很小，眼睛很大。背鳍前半部分有鳍条，后半部分的鳍条较大且柔软。臀鳍也是这样。尾鳍不全，胸鳍有鳍条，比较尖。

小嘴巴
突出的颌骨有助于它们捕食较大的鱼类。

Zeus faber

远东海鲂

体长：40~60 厘米
体重：3.2 千克
保护状况：未评估
分布范围：大西洋东部、太平洋和印度洋西部

远东海鲂通常生活在海底，有时会埋身在泥沙里。有时独来独往，有时聚集为小型鱼群。身体侧扁，头部很大。身体两侧有两个深色的斑点。

Zenopsis conchifer

裸亚海鲂

体长：80 厘米
体重：3.2 千克
保护状况：未评估
分布范围：大西洋和印度洋海岸

裸亚海鲂体形中等，头部和身体扁平，呈银白色，胸鳍背面有一块深色斑点。鱼鳍膜是黑色的。背鳍有 9 或 10 根长鳍条。嘴巴大且斜，上颌突出。牙齿很小，呈圆锥形。有些鱼有尾骨。通常聚集为小型鱼群，在靠近海岸线的水域生活，栖息深度为水下 50~600 米。

Grammicolepis brachiusculus

强枝鲷

体长：65 厘米
体重：无数据
保护状况：未评估
分布范围：大西洋、印度洋、太平洋

强枝鲷栖居在较深的海域，栖息深度为水下 500~700 米，也可达到水下 1000 米。经常在海底活动。鱼身侧扁，覆盖着小鳞片，呈银白色，伴有不规则的深色斑点。嘴巴很小，眼睛很大。背鳍和臀鳍很长，由 30 根鳍条组成。幼鱼身体比成年鱼更加扁平，侧面的鱼骨有毒。

海马及其亲缘鱼类

它们身形修长，身上覆盖着由鳞片和骨环组成的骨骼。不同种类的海马有着不同的管状嘴，但嘴巴都很小。海马之所以有不同的嘴巴，是为了适应不同共生生物的生存环境和食物。大多数海马生活在热带和亚热带海域的水藻和珊瑚礁周围。

一般特征 40

管口鱼 42

剃刀鱼及其他 46

致命的美丽 48

一般特征

一方面来说，有些海马的身形特别长或者特别扁，但所有海马都由骨环构成。嘴巴很小，位于管状嘴巴的最前方。腹鳍位于腹部。用胸鳍和背鳍游泳，有的头向上游动，有的则头向下游动。生活在淡水、盐水和海水中，主要生活在珊瑚礁周围水域。

门：脊索动物门

纲：辐鳍鱼纲

目：棘背鱼目

亚目：海龙亚目

科：5

种：240

杨枝鱼

杨枝鱼以小型鱼类和甲壳类动物为食，通常先悄悄埋伏在猎物周围，再突然出击。经常和大型草食鱼类一起生活在珊瑚礁周围。有些海马游动的时候头向下。现在已知最长的海马有 80 厘米长。海马的身体扁平而细长，鱼皮外都覆盖着鱼鳞。颌骨有 1 根感知触须。背鳍有 23~28 个鳍条，互不相连。臀鳍有 25~28 个鳍条。腹鳍和臀鳍距离鱼身前部较远。尾鳍呈圆形。海马的侧线很明显。主要分布在热带大西洋、印度洋和太平洋海域。到目前为止，人们所知的只有 3 种。

海马

海马的显著特点是细长的管状嘴和覆盖全身的鳞片。鳞片和背鳍使其能够竖着游动。

有毒的烟管鱼和虾鱼

烟管鱼和虾鱼鱼身扁平，边缘锋利。脊椎膨胀，细小的鳞片几乎覆盖全身。背部有背鳍和 3 根不同大小的鳍条。第一根鳍条长而尖，有些鱼的第一根鳍条位于最外侧，旁边是两根比较短的鳍条。背鳍和尾鳍（都由软鳍条组成）长在尾梗的位置，有些烟管鱼和虾鱼的背鳍和尾鳍甚至长在腹部。烟管鱼和虾鱼还有另一些共同的特点：它们都没有侧线和牙齿。有些鱼竖着游动，头部向下。以浮游动物为食。现在已知最长的烟管鱼和虾鱼有 15 厘米，主要分布在印度洋和太平洋，已知种类有 15 种。

角烟管鱼

角烟管鱼身形细长，微扁。嘴巴很长，呈管状，没有牙齿。身上没有鳞片，但是有小鳍条和成排的骨盾。

角烟管鱼的背部和臀部没有刺。背鳍和臀鳍有 13~20 根软鳍条。尾鳍分叉，是中间鳍条的延伸。肛门靠近腹鳍，即远离臀鳍。侧线比较明显，是尾线的延长。角烟管鱼最长可以达到 1.8 米。主要生活在开阔海域或者珊瑚礁周围，以

行动缓慢但安全

它们虽然行动缓慢，但是会变色，可以伪装起来，以躲避天敌。

小型鱼类和甲壳类动物为食。角烟管鱼包括 4 种热带、亚热带的海洋鱼类，生活在大西洋、印度洋和太平洋海域。

鬼管鱼

鬼管鱼的鱼身短且扁，鱼鳞呈星星状。有两个分开的背鳍。前半身有 5 根长鳍条，后半身有 17~22 根较短的软鳍条。腹鳍很大，在第一个背鳍前面，有一根棘刺和 6 根软鳍条。鳃开口较大。雌性鬼管鱼用腹鳍形成一个育儿袋，在那里孵化鱼卵。以小型深海无脊椎动物和浮游动物为食。鬼管鱼包括 3 种热带鱼类，主要分布在印度洋和太平洋西部。最长可达 16 厘米。

尖嘴鱼和海马

尖嘴鱼和海马都有包裹着细长鱼身的骨环。胸鳍通常有 10~23 根鳍条。有 1 个背鳍，包括 15~60 根软鳍条。臀鳍很短，有 2~6 根鳍条。有些成年鱼甚至没有背鳍、臀鳍和胸鳍。所有尖嘴鱼都没有腹鳍，有些也没有尾鳍。海马的尾梗用来捕食。鳃开口较小。最长的尖嘴鱼和海马大约有 60 厘米长。有些尖嘴鱼和海马色彩斑斓。通常生活在深海。用管状嘴吸食小型无脊椎动物。雌性尖嘴鱼和海马将卵细胞放置于雄性尖嘴鱼和海马的育儿袋中。这是动物王国中特有的现象，只有尖嘴鱼和海马是雄性动物受孕。首先，雄性尖嘴鱼和海马在雌性尖嘴鱼和海马周围求偶。求偶成功后则通过交配进行交配。孵卵期间雌性尖嘴鱼和海马会一直待在雄性尖嘴鱼和海马的周围。小尖嘴鱼和小海马一出生就可独立，不需要父母的照顾。大部分尖嘴鱼和海马生活在海洋中，但也有一些生活在盐水和淡水中。它们主要分布在大西洋、印度洋和太平洋海域（从温带海域到热带海域）。它们是这一科中数量最多的品种，已知的有 215 种。

繁殖

海马是雄性受孕。在求偶之后，雄性海马和雌性海马进行交配。当它们的腹部相对时，雌性海马通过产卵器官将卵细胞放在雄性海马的育儿袋中。卵细胞进入育儿袋之后，雄性海马就会产生精子，从而形成受精卵。受精卵可以孵化出 1500 个小海马。

1 求偶

雄性海马在发育育儿袋之后才达到性成熟。当雄性海马靠近雌性海马时，身体的颜色会变得很鲜艳，并开始抖动身体和背鳍。

2 交配

雄性海马通过尾梗固定在雌性海马身上。然后，雄性海马会打开育儿袋上端，雌性海马通过输卵管将卵细胞放到雄性海马的育儿袋中，然后进行孵化。

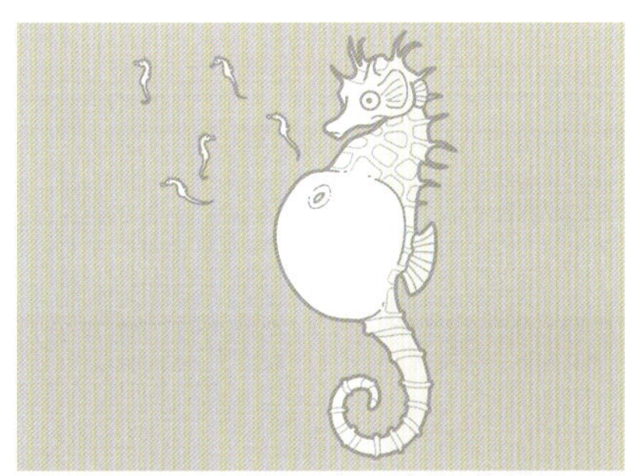

3 出生

放置受精卵的育儿袋内有很多血管。小海马大约在两周后出生。刚出生的小海马虽然很小，但外形和成年海马很相像。几天之后，小海马就可以吃浮游生物了。

管口鱼

门：脊索动物门
纲：辐鳍鱼纲
目：棘背鱼目
科：海龙科
种：215

海马（也叫龙落子）、鬼管鱼、海龙和叶海龙，属于海龙科生物，头部和马的头部很像。鱼身细长，管状嘴，没有牙齿。鱼身覆盖着鱼鳞和骨环。身体竖直。

Hippocampus bargibanti

巴氏豆丁海马

体长：2.4 厘米
体重：10~13 克
保护状况：无危
分布范围：太平洋中西部海域

巴氏豆丁海马是最小的海马之一。只在柳珊瑚周围生活，颜色和结构都模仿其生存环境。巴氏豆丁海马有两种颜色：带有红色斑点的灰色或者带有橙色斑点的黄色，可以根据珊瑚种类来改变自身颜色。栖息深度为水下 16~40 米。有固定配偶且遵循一夫一妻制。1969 年，生物学家还发现了侏儒海马。在已知的海马中，大部分都是近十年发现的，这些海马体形都很小，都生活在柳珊瑚周围。

适应性
巴氏豆丁海马用尾巴捕食，尾巴呈螺旋状，能抓住水中的植物。

Hippocampus guttulatus

长吻海马

体长：15 厘米
体重：24~29 克
保护状况：数据不足
分布范围：地中海和大西洋东部海域

长吻海马照顾小海马，在繁殖时期身体紧贴海底。它们用尾巴粘住食物。

长吻海马通体黄色，有时也会变为玫红色。是杂食动物，以幼鱼、藻类、腹足动物、甲壳类动物和环节动物为食。生活在海湾和岩石区较浅的有蔓草和水藻的浑水中，在秋天和冬天会游到更深的海域。

Hippocampus abdominalis

膨腹海马

体长：35 厘米
体重：100~200 克
保护状况：数据不足
分布范围：太平洋南部海域

膨腹海马皮肤光滑，颜色多变，从白色、黄色一直到红色皆有，伴有黑色斑点。以虾和海藻中的小型动物为食，例如端足目动物。主要生活在有岩石的海域。社会生活复杂：早晨，膨腹海马夫妇交配，跳舞，变色。

腹部突出
雄性膨腹海马和雌性膨腹海马的腹部一样突出，因此得名膨腹海马。

Hippocampus kuda

库达海马

体长：30 厘米
体重：150 克
保护状况：易危
分布范围：太平洋西部、印度洋海域

库达海马的颜色在黄色、白色、蓝色、棕色和橙色之间变化。头部有骨环。栖居在珊瑚礁、红树林或大叶藻中。它们生活在靠近海岸的浅水区，直立着身子，生活在淤泥或者河流中。也有的生活在外海 20 千米的海藻中。用尾巴勾住海草或珊瑚。孵化期通常为 4~5 周。

Hippocampus reidi

吻海马

体长：15.5 厘米
体重：70 克
保护状况：数据不足
分布范围：中美洲和加勒比海海域

雄性吻海马呈亮橙色，雌性吻海马呈黄色。身上有棕色或白色斑点。交配时会变成玫瑰红色或白色。主要栖居在水下 55 米的柳珊瑚、大叶藻、红树林和马尾藻中。雄性吻海马可以孵化 1000 多颗卵。产卵时，雄性吻海马通过收缩身体来产生压力，从而生出小海马。

Syngnathoides biaculeatus

拟海龙

体长：29 厘米
体重：150~200 克
保护状况：数据不足
分布范围：太平洋中东部海域

拟海龙身体竖直、窄小，呈绿色，尾巴稍微向下卷。嘴巴为管状，骨骼和颜色像迷你版鳄鱼。它们栖居在海藻（大叶藻）中，竖着身体并隐藏在其中。用管状嘴吸食微小的食物和浮游动物，没有牙齿。是卵胎生动物：为了孵化受精卵，雄性拟海龙把受精卵放在尾巴后面竖立的育儿袋中。

Phycodurus eques

叶形海龙

体长：45 厘米
体重：400~500 克
保护状况：未评估
分布范围：澳大利亚南部海域

叶形海龙比海马大，身上长满了像叶子一样的东西，用来在海藻中隐蔽自己。它们之所以被叫作海龙，是因为跟龙这种神秘的生物很像。嘴巴呈管状，脖子很长，腹部突出，尾巴很长。栖居在较浅的温带海域。通过脖子边的胸鳍和尾巴附近的背鳍获得前进的动力。叶形海龙几乎是透明的，不喜欢活动，隐藏在海藻中。

Phyllopteryx taeniolatus

草海龙

体长：45 厘米
体重：500~550 克
保护状况：近危
分布范围：澳大利亚南部和塔斯马尼亚岛附近海域

草海龙的鼻子又长又直，脖子很长，腹部很宽。和身子相比，尾巴又长又重。它们不用尾巴捕食。尾巴看起来很突兀，与周围环境格格不入。胸部有几条深色的竖条纹。可以从黄绿色变成橙红色或棕色。栖居在有微型海藻的礁石周围，栖息深度为水下 3~50 米。捕食浮游动物和小型甲壳类动物。通常独来独往，有时成对聚集，或者 20~40 条聚集在一起。小草海龙（大约 250 只）一出生就可以独立生活：出生后就可以立即进食，几乎不消耗它们的卵黄囊。

繁殖

交配时，雌性草海龙趴在雄性草海龙的身上，在其尾巴下方留下300~400 颗卵细胞。

Hippocampus erectus

直立海马

体长：15~19 厘米
体重：无数据
保护状况：易危
分布范围：从加拿大到阿根廷沿岸的大西洋东部、西部海域

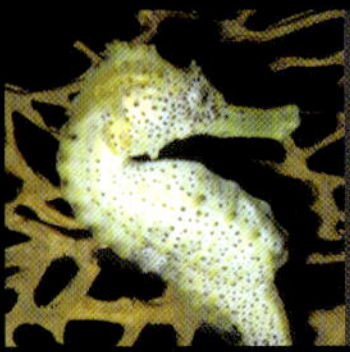

名字的由来

直立海马的名字源于其直立的身体和头部的形状。

直立海马属于硬骨鱼，栖居在10~27 摄氏度的河流、海湾、海藻和珊瑚周围。身形细长。其颜色主要是橙色、灰色、棕色、黑色、红色和黄色，腹部的颜色稍微浅一些。

饮食

直立海马的嘴巴呈管状，主要吃小型无脊椎动物，例如甲壳类动物，这都得益于它们细长的嘴巴。幼鱼每天用来进食的时间可以达到 10 小时。

行为

直立海马实行一夫一妻制，如果配偶死亡，另一方不会立刻寻找新的配偶。每天早上，直立海马夫妇都会一起跳舞。

求偶仪式

雌性直立海马求偶的时候会跳舞，在跳舞时会和雄性直立海马交配。

姿态

直立海马的身体是由覆盖着较大矩形鳞片的骨骼组成的，这使得它们游动的方式和其他鱼不同。直立游泳的动力来自背鳍和胸鳍，这使得它们不论是行动还是改变姿势都很缓慢。没有臀鳍，取而代之的是长长的尾巴。它们用尾巴捕食，可以紧紧抓住水下的食物。

1 厘米

直立海马出生时的身长

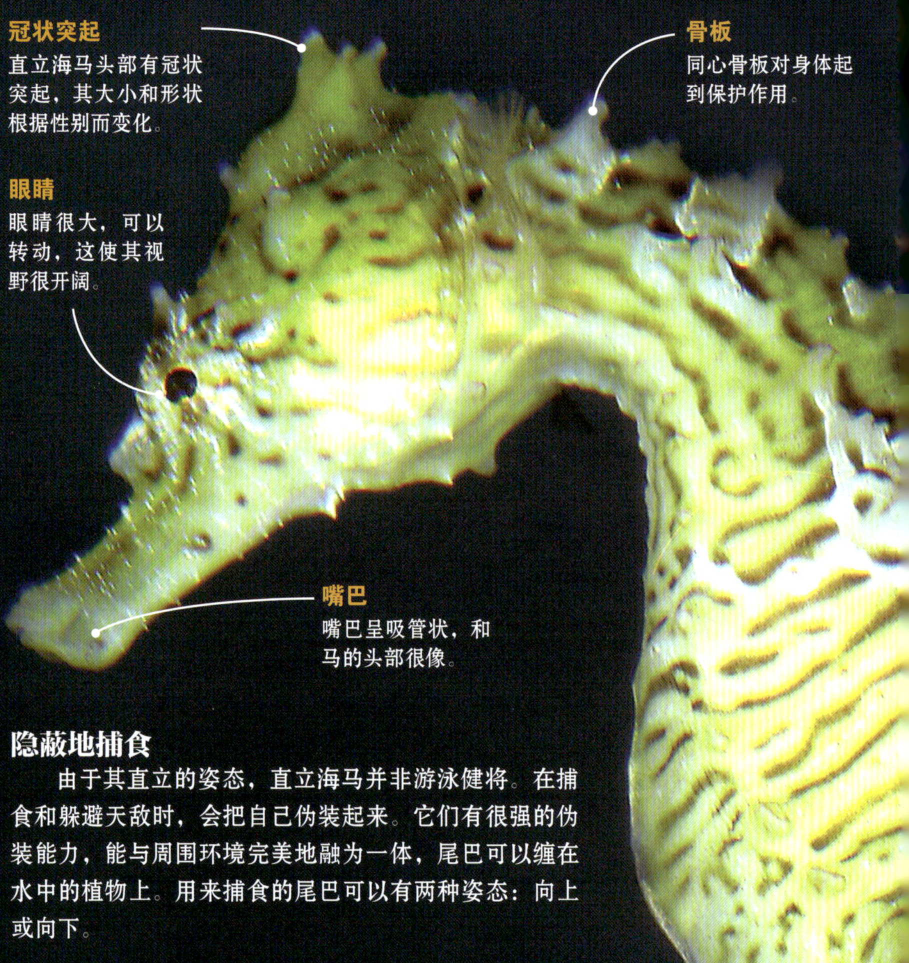

隐蔽地捕食

由于其直立的姿态，直立海马并非游泳健将。在捕食和躲避天敌时，会把自己伪装起来。它们有很强的伪装能力，能与周围环境完美地融为一体，尾巴可以缠在水中的植物上。用来捕食的尾巴可以有两种姿态：向上或向下。

性别二态性

雄性海马和雌性海马之间最大的不同之处在于育儿袋，只有雄性海马有育儿袋，雌性则没有。雄性海马的尾巴更长，嘴巴更小。雌雄海马头部冠状突起的大小和形状不同，背鳍的位置也不同。

繁殖

雌性海马把卵细胞留在雄性海马的育儿袋中。在孕育期，海马会变为白色和棕色。孕育会持续大约20天。有些受精卵没有孵化，死在精囊内，产生气体。因此雄性海马在生产之前膨胀得像个球一样。

100~200

这个数字是雄性海马所能孵化出的小海马的数量。

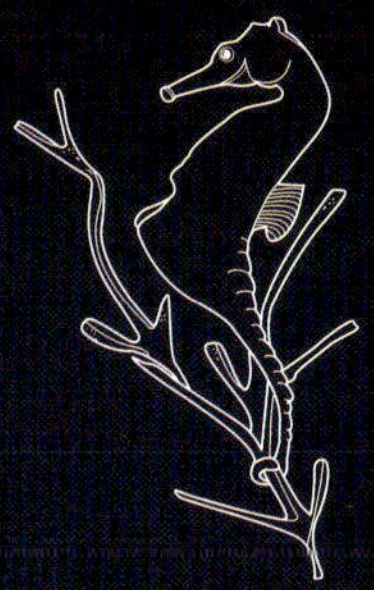

1 体内受孕

在繁殖期，雌性海马将卵细胞留在雄性海马的精囊里，在那里受孕。分娩时，雄性海马缠在海藻上。

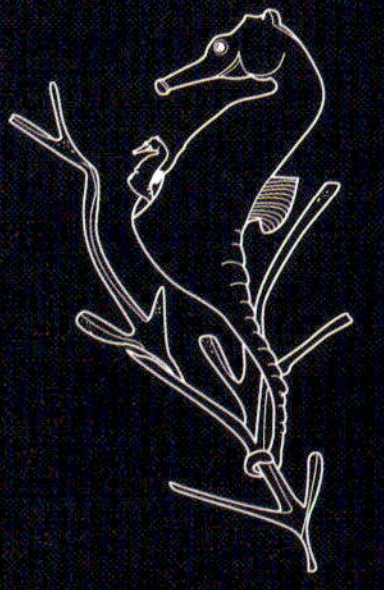

2 分娩

雄性海马将身体前后膨胀一倍，膨胀之前的状态就像是收缩了一样。育儿袋打开并变大。不一会儿，小海马就出生了。

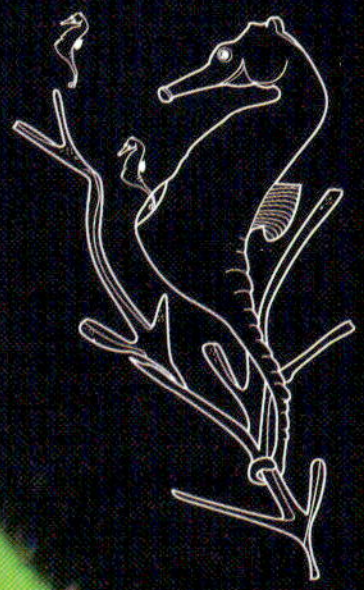

3 出生

收缩时，雄性海马会生出很多1厘米大的小海马。它们一出生就以浮游植物为食。分娩可以持续一天。

剃刀鱼及其他

门：脊索动物门
纲：辐鳍鱼纲
目：棘背鱼目
科：4
种：25

剃刀鱼（剃刀鱼科）的外形和海马很像，只是没有突出的腹部。条纹虾鱼（虾鱼科）身体扁平，直立游动。角烟管鱼（烟管鱼科）身体细长。斑点管口鱼（管口鱼科）的名字缘于它宽口的嘴巴和细长的头部。

Solenostomus paradoxus

细吻剃刀鱼

体长：12 厘米
体重：30~45 克
保护状况：未评估
分布范围：印度洋、太平洋西部

细吻剃刀鱼生活在热带海域的珊瑚礁周围。身体的形状很特殊，使其能完美地与珊瑚礁融为一体，不被天敌发现。雄性鱼比雌性鱼体形小。身上有长刺，尾部呈残缺、圆叶子状，刺非常多。身体颜色随环境而改变，可以从黑色变为黄色或红色，伴有绿色或者透明的条纹和斑点。通常独来独往，但在繁殖期会成对出现。以深海对虾为食。

Solenostomus cyanopterus

蓝鳍剃刀鱼

体长：15~17 厘米
体重：43~55 克
保护状况：未评估
分布范围：印度洋和太平洋西部海域

蓝鳍剃刀鱼栖居在有珊瑚礁和藻类的海域，栖息深度为水下 2~25 米。鼻子很长，尾巴又宽又长。鱼身呈红棕色、玫瑰红色或者黄色，伴有黑白相间的小斑点。也可以变成绿色，隐藏在大叶藻之中。

主要以小型甲壳类动物为食。不同于细吻剃刀鱼，蓝鳍剃刀鱼很灵活，会不断地游到新海域捕食。

主要栖息在海洋中上层，但在繁殖期时，主要依赖珊瑚礁生活。蓝鳍剃刀鱼为一夫一妻制，总是成双成对地出现。

Centriscus scutatus

玻甲鱼

体长：15 厘米
体重：100~110 克
保护状况：未评估
分布范围：印度洋和太平洋西部海域

玻甲鱼的鼻子向上翘，鱼身呈银白色，中间的侧线很窄，呈棕色或黑色。栖居在海洋、泥沙、近海浅水中。通常聚集为大而密集的鱼群。

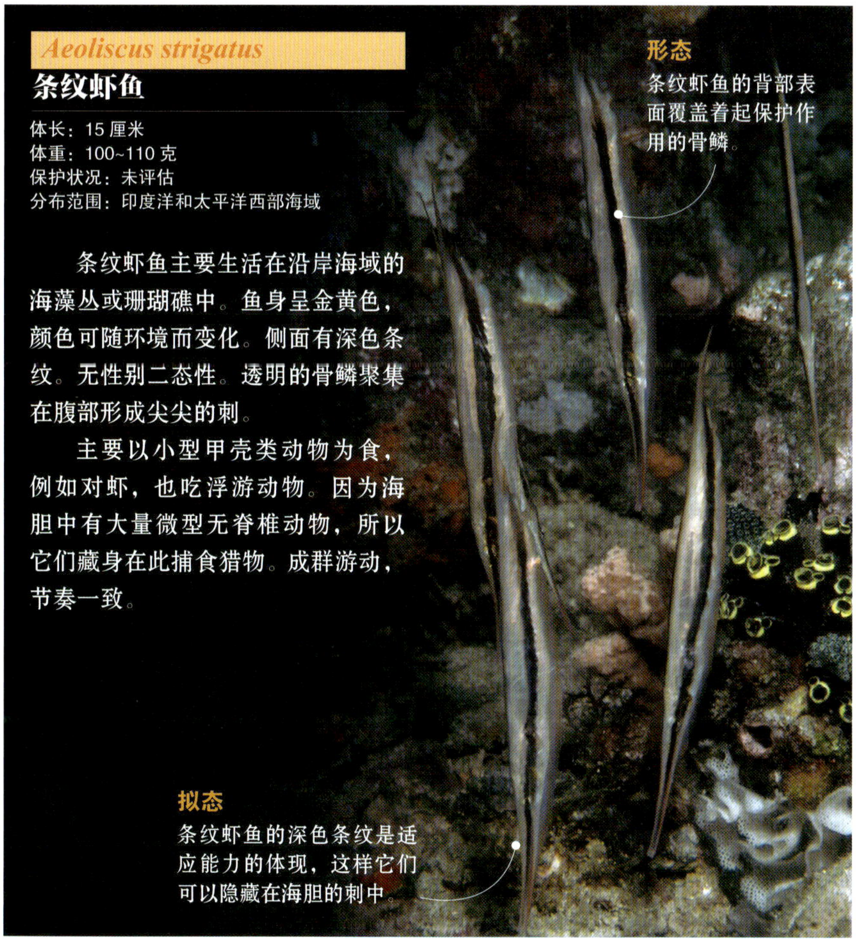

Aeoliscus strigatus
条纹虾鱼

体长：15 厘米
体重：100~110 克
保护状况：未评估
分布范围：印度洋和太平洋西部海域

条纹虾鱼主要生活在沿岸海域的海藻丛或珊瑚礁中。鱼身呈金黄色，颜色可随环境而变化。侧面有深色条纹。无性别二态性。透明的骨鳞聚集在腹部形成尖尖的刺。

主要以小型甲壳类动物为食，例如对虾，也吃浮游动物。因为海胆中有大量微型无脊椎动物，所以它们藏身在此捕食猎物。成群游动，节奏一致。

形态
条纹虾鱼的背部表面覆盖着起保护作用的骨鳞。

拟态
条纹虾鱼的深色条纹是适应能力的体现，这样它们可以隐藏在海胆的刺中。

Fistularia tabacaria
蓝斑烟管鱼

体长：2 米
体重：1.5~2 千克
保护状况：未评估
分布范围：大西洋的美洲和非洲海岸海域

蓝斑烟管鱼的鱼身细长，尾巴纤细如丝。外形和鳗鱼很像，但鱼鳍不同。无性别二态性。鱼身呈棕色，腹部呈白色，从嘴巴到背鳍的半个背部都伴有蓝色斑点。主要生活在有大叶藻的沿海开阔海域，或生活在珊瑚礁中，或生活在水下 200 米的岩石海底，也可以生活在河流中。以鱼类、小型甲壳类动物和各种无脊椎动物为食。

Aulostomus chinensis
中国管口鱼

体长：80 厘米
体重：0.8~1 千克
保护状况：未评估
分布范围：印度洋和太平洋西部海域

中国管口鱼的鱼身细长，嘴巴呈管状。可以随意在棕色到绿色之间变色。身上有分散的深色斑点和白色条纹。

栖居在珊瑚礁区。可以通过改变身体的颜色、形状以及缓慢的移动而完美地隐藏在海藻和珊瑚中。以小型鱼类、对虾和无脊椎动物为食。

Aulostomus maculatus
斑点管口鱼

体长：40~80 厘米
体重：0.7~1 千克
保护状况：未评估
分布范围：美洲和非洲沿岸的大西洋海域

斑点管口鱼形状似小号，长而宽的嘴巴尤其像。鼻子很长，颚部细小。色彩丰富，呈深棕色或绿色，有些海域还发现了通体黄色的斑点管口鱼。沿颚部有一黑色条纹，逐渐减少为黑点；在尾鳍基部也有一个或两个黑点。主要栖居在水下 30 米深的珊瑚礁周围。虽然有时会有波浪，但平静的环状珊瑚岛和湖泊中依然生活着大量斑点管口鱼。它们在觅食时游得很慢，埋伏时可以保持静止。依靠嘴巴的突然出击来获得食物，几乎只吃小型鱼类。

食物
捕食时，它们会藏在比它们大的草食性鱼类身后，遇到猎物时突然出击。

头部
头部大约占身体总长的1/3。

致命的美丽

海马的用途很多，例如在海洋馆展览、作为中药等，这使得海马的生存状况令人担忧。2002年，根据世界自然保护联盟（英文缩写为IUCN）的濒危物种红色清单，在33种海马中，有个别濒危，9种易危，其余未知。除人类对珊瑚礁、河流、滩涂地和海藻的污染和破坏，捕鱼网的使用也对其造成了威胁，这些现状令人担忧。

◀ **医学开发**

600年前，海马就被制作成标本，在中医中用来治疗不同的病症，例如动脉硬化、阳痿、气喘、心脏病、胆固醇偏高和皮肤病等。虽然海马的价值很高，但更重要的是要找到避免海马灭绝的方法。

▲ **水产养殖**

水产养殖不仅可以保护海马种群，也可以满足人们对海马商业价值的需求，是一个两全之法。尽管水产养殖海马规模不大，但在饲养幼鱼时也会面临一系列挑战。

▼ **专门研究海马的专家**

几年前，一群海洋生物学家在爱尔兰了解到海马的濒危现状，于是成立了一个项目组，这大大提高了小海马的成活率。

蝎子鱼及其他

蝎子鱼种类多样，形态各异，大多有像刺一样坚硬的鳍条。有特殊的腺体，可以分泌毒液。有些蝎子鱼五颜六色，这些颜色和图案有助于它们伪装融入周围的环境中。在世界上所有的海洋中都有分布，只是深度略有不同。

一般特征	52
乔装和下毒专家	54
石斑鱼及其他	56
国家地理特辑：翱翔蓑鲉报告	59
知更鸟鱼和杜父鱼	64

一般特征

蝎子鱼的名字缘于其形状、坚硬如刺的鳍条和能分泌毒液的腺体。这个目的生物种类多样，人们经常会对它们进行重新分类。有时人们会怀疑这类生物的单系性，甚至对于同科生物的分类都有很大争议。它们广泛分布于各个纬度，从温带沿岸水域到水下几千米的深度都有分布。

门：脊索动物门

纲：辐鳍鱼纲

目：鲉形目

亚目：7

科：36

基本特点

蝎子鱼和河鲈的分类方式相似。鲉形目最主要的分类特点是眼睛下方（眶下）骨突后延与鳃盖连在一起，在颊部形成骨甲。有些科的鱼类骨突在鼻骨处与鳃盖骨相连。头盖骨伸长至前三节椎骨，形成坚硬的头盔。所有科中都有一些鱼的刺或骨鳞变得很坚硬。大部分骨鳞分布在头盖骨上，少部分分布在鱼身上。有些鱼有旋轮线状的鱼鳞，有些鱼则完全没有鳞片。栖息于深海的蝎子鱼没有鱼鳔。有鱼鳔的蝎子鱼是闭鳔鱼（不依赖消化器官），鱼鳔有助于产生声波，所以有些蝎子鱼可以像飞角鱼科和角鱼科的鱼类那样发出声波。根据不同的外形特点，蝎子鱼可以分为两类：一类具有强烈的毒性和鲜艳的警戒色；另一类则拥有随周围环境而变化的保护色。

除此之外，蝎子鱼的身上还有鳍条、鳞片等附属物，这些附属物可以使其更好地伪装自己。正是由于这种特性，当猎物游到附近时，一些蝎子鱼先是保持不动，然后突然出击。为此，蝎子鱼也被称为“深海杀手”，它们尤其擅长捕食甲壳类动物和小型鱼类。

鱼鳍

鳍条坚硬，有时硬得像刺一样。基部通常有分泌毒液的腺体。一般情况下，胸鳍是无毒的，只有背鳍的前几个鳍条有毒，但有些蝎子鱼的臀鳍和腹鳍也是有毒的。如果人们被蝎子鱼扎伤，手指会麻痹，需要很长时间才能恢复。胸鳍又圆又长，有时可以和身体一样长。鱼鳍由坚硬的鳍条组成，飞鱼（飞鱼科）的鱼鳍像翅膀一样，可以让它们飞出水面 100 米。

有毒

蝎子鱼的名字缘于和鳍条在一起的、产生毒液的腺体。

有些鳍条连在一起，起到脚蹼的作用。末梢神经感知系统让它们能够找到泥沙中的食物。腹鳍可以很大，也可以很小，或者干脆没有。胎生贝湖鱼科的鱼类没有腹鳍，腰带骨可见。有时，鱼鳍可以变形，也可以变得有毒，圆鳍鱼科的鱼类就是这样。雄性圆鳍鱼紧紧地依附在岩石或海藻上，以防被海浪卷走。有两个连在一起的背鳍。狮子鱼科最明显的特征是长长的鱼鳍。臀鳍和背鳍都很长，长到尾鳍处。它们也可以产生动力，于是就渐渐取代了尾鳍，尾鳍则逐渐萎缩成一块突起物。

繁殖

大多数蝎子鱼都是先排出卵子，再进行体外受精的。鱼卵可以安置在泥沙中或者依附于岩石和海藻的黏性物质上。有些生活在深海的鱼类，例如白斑光裸头鱼和裸盖鱼（裸盖鱼科），让鱼卵在海中漂浮。鱼卵之所以能漂浮在水中，是因为卵中含有少量的油。幼鱼生活在深海，到达一定年龄后会迁徙到更深的海域生活。胎生贝湖鱼科的鱼在产卵之前会让幼鱼在身体里先度过幼鱼期。

栖息环境和分布现状

蝎子鱼栖息于海中，多数分布在印度洋和太平洋。有些鱼群生活在海水中，还有小部分鱼群生活在大陆淡水中，例如贝加尔湖鱼科就栖息在俄罗斯的贝加尔湖中。

虽然不擅长游泳，但也有些蝎子鱼生活在深海。主要活动在岩石、海草和珊瑚礁周围。

生活习性和外形

人们所了解的蝎子鱼有很多不同的生活习性和外形。有的蝎子鱼头部很大，边缘尖锐，背部很高，胸鳍很大；有的蝎子鱼体形较小，侧面扁平，没有鳞片；有的蝎子鱼又长又扁，身上有细小的鳞片；有的蝎子鱼全身覆盖着骨鳞和鳍条；有的蝎子鱼和鲱鱼或蝌蚪很像；还有的蝎子鱼全身覆盖着苔藓，像石头一样。它们主要生活在珊瑚礁周围的海域、海床或者淡水水流中。

2 纺锤形鱼

眼睛长在前面，嘴巴在正前方。成对的鱼鳍可以在游动时保持鱼身的平衡。可以在海平面到深海之间的整个海域生活。可以进行长距离的迁徙。

3 扁形鱼

背部和腹部扁平，头部扁平，眼睛长在上方。体色随深度的不同而有所变化。成对的圆鱼鳍可以让它们在海底游动自如。

1 球形鱼

球形鱼身上没有鱼鳞或是全部覆盖着鱼鳞，身上有刺；背鳍很小或者没有背鳍；几乎不游动，但可以旋转180度；脸小嘴大；眼睛长在头部和背部之间。生活在海底岩石周围。

乔装和下毒专家

鲉形目的鱼类生活在海底。有些身上覆盖着泥沙，乔装成岩石，隐藏起来突袭猎物，成功率很高。有些鱼还可以随环境变色。鱼鳍和其他鱼很像，很多鱼的背鳍有含毒的鳍条。

颜色和条纹

短鳍蓑鲉属的鱼类长有条纹，可以与植物和海底融为一体。鱼鳍很长，和海百合纲动物一样，可以完美乔装。另外，幼鱼的鱼鳍上有斑点，看起来像大鱼的眼睛一样，可以避免被天敌吃掉。背鳍和臀鳍有毒。

防卫和攻击

当它们觉得受到威胁时，就会展开胸鳍，露出可怕的一面，暗示出自己有毒，让对手远离自己。这样展开胸鳍，也可以把猎物围困在珊瑚内。

陷阱

鱼鳍的鳍条之间有一层薄膜。由于这层膜是透明的，猎物在试图逃跑时，常常会直接撞到膜上，落入陷阱。

5万

每年被它们的毒液所伤的鱼的数量。

植物之间

三棘带鲉利用它们和植物之间的相似性捕食。珊瑚和植物之间靠水流保持平衡，三棘带鲉和植物之间也是如此。三棘带鲉色彩鲜艳，栖身于藻类繁盛的地方，有利于它们隐藏自己。

嘴巴

它们的嘴巴很大，这使它们可以像吸尘器一样吸食大量鱼类。

隐蔽性

由于鱼身颜色和海底很相近，普氏鲉的隐蔽性很好，几乎可以不被发现。

示威

遇到危险时，它们会展开背鳍的鳍条，改变颜色，以警示对方自己有毒。

毒性

13 根有毒的背鳍鳍条几乎遍布全身。

胸鳍

胸鳍呈扇形，用来游泳和捕食。鱼鳍也可以收起来，以躲避天敌和捕食猎物。

3 小时

玫瑰毒鲉的毒液致人死亡的时间。

隐蔽性

毒鲉科的玫瑰毒鲉拥有完美的乔装术，人类和鱼类都很难发现它们。它们藏在泥沙中，只露出眼睛，一旦发现猎物会在一秒内迅速张开血盆大口捕食。有些水生植物依附在它们的背上生活，因为那里有适合植物生长的物质。

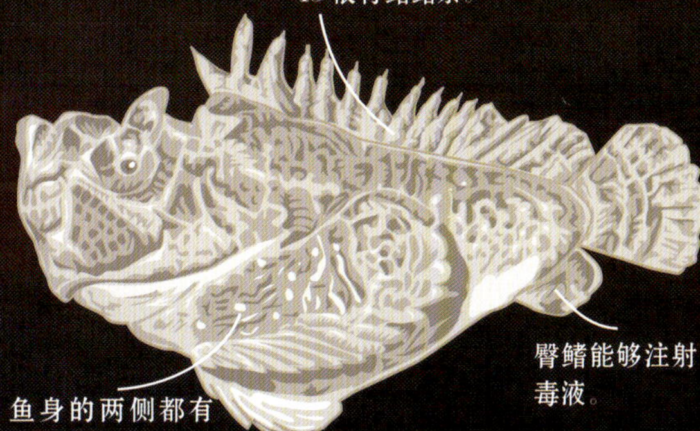

毒性

背鳍鳍条与可产生 10 毫克毒液的腺体相连。如果被有毒的鳍条扎到，会导致强烈的疼痛、呼吸困难、心律不齐、麻痹、组织坏死和死亡。中毒的深浅取决于自身的体重（体重越轻，反应越强烈）。

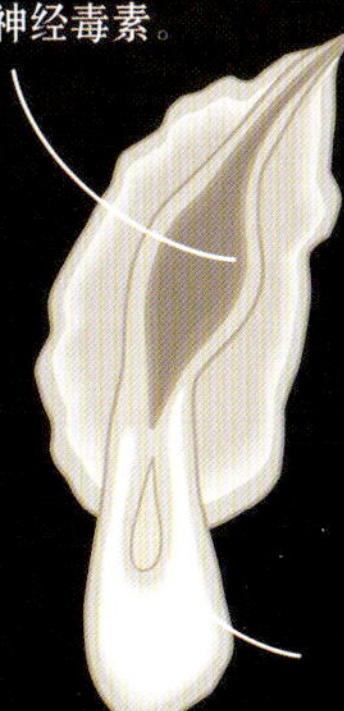

危险

它们平时很平静，但遇到危险时会使用致命的鱼鳍。游泳的人和潜水员不仔细看就很难发现它们，因为它们和岩石实在太像了，难以分辨。

石斑鱼及其他

门：脊索动物门
纲：辐鳍鱼纲
目：鲉形目
科：鲉科
种：388

石斑鱼外形粗陋，有刺，有突起和肉瘤。头部有由皮骨溶解而来的鳞片和骨鳞的保护。这些种类的鱼绝大多数是海鱼，栖居在温带、热带沿海海域，主要在海底珊瑚礁和岩石周围活动。此类鱼为胎生。

Scorpaena plumieri
普氏鲉

体长：30~45 厘米
体重：1.5 千克
保护状况：未评估
分布范围：从美国到巴西沿岸的大西洋海域

身体的形状和特殊保护色使普氏鲉能够隐藏在海底。身上褶皱多，并长有肉瘤。身体的颜色和岩石、珊瑚礁的颜色相似，有利于其隐藏。鱼鳍的鳍条有毒，可以毒死很多生物。它们生活的垂直深度会经常变化，但是不会深于水下55~60 米。

以甲壳类动物和小型鱼类为食，主要在夜间捕食。

白天休息，几乎静止不动。被惊扰时，身上会出现闪亮的白色斑点，在胸部黑色部分的衬托下，看上去比较恐怖。

繁殖
不产卵不孵化，雌性普氏鲉排出幼鱼。

Ebosia bleekeri
布氏盔蓑鲉

体长：22 厘米
体重：无数据
保护状况：未评估
分布范围：太平洋北部、鄂霍次克海、日本、中国东部和南部

布氏盔蓑鲉的鱼身呈椭圆形，较矮胖。主要栖居在热带和温带海域，栖息深度在水下 110~152 米之间。鱼鳍像长刺一样，每根都彼此分开。鱼身的颜色为白色和玫红色，胸鳍中部和末端伴有深色斑点，胸鳍有 12~14 根鳍条。和同科的其他鱼类一样，布氏盔蓑鲉也是体内受精。

Scorpaena guttata
斑点鲉

体长：43 厘米
体重：无数据
保护状况：数据不足
分布范围：太平洋海域，从美国南部到墨西哥

斑点鲉主要栖居在海岸边和海湾内有岩石的地方，可以灵活地隐藏在各种洞穴中。背鳍、臀鳍、腹鳍上有毒的鳍条是它们的武器。眼睛突出，和鱼身相比，鱼鳍显得很大。前半身的鱼鳍有鳍条，胸鳍有 17~19 根鳍条，呈扇形。斑点鲉可以发出红棕色的光，伴有深色斑点。生活的垂直深度范围很广，从海洋表面到水下 180 米都有分布。主要以甲壳类动物和鱼类为食。

Taenianotus triacanthus

三棘带鲉

体长：10 厘米
体重：无数据
保护状况：未评估
分布范围：太平洋、印度洋海域

三棘带鲉一眼望去很难分辨鱼身的各个部分。鱼身呈扁平的椭圆形，和叶子差不多。鱼鳍很大，背鳍很突出，有含毒的鳍条。鱼身颜色为最醒目的黄色或红色。可以在不同深度变化为不同的颜色，可以发光。主要以水下5~20 米深处活动的小型鱼类、幼鱼、虾和无脊椎动物为食。眼睛的视网膜内有视杆细胞，可以捕捉到视锥细胞损坏时或者变色细胞发出的微弱光芒。在夜间，皮肤变为常见的形态。

伪装
为了混淆猎物和天敌的判断，它们隐藏在水中的植物之间。

变色
除了红色和黄色，它们还可以变成黑色和白色。

Sebastes oculatus

眼点平鲉

体长：31 厘米
体重：无数据
保护状况：未评估
分布范围：大西洋和太平洋南部海域

眼点平鲉生活在温带和寒带海域，主要生活在非热带珊瑚周围。夜行性动物，白天隐藏在泥沙或者石头中。以小型鱼类和甲壳类动物为食。鱼身呈浅玫红色，伴有白色斑点。头部很大，呈圆锥形，有鱼鳞，眼睛很大。背鳍前部有13 根尖锐的鳍条，后部有 3~14 根软鳍条。肉质鲜美，具有食用价值。

Apistus carinatus

棱须蓑鲉

体长：20 厘米
体重：无数据
保护状况：未评估
分布范围：太平洋北部和印度洋海域

棱须蓑鲉栖息深度为水下 14~50 米。白天隐藏在海床中，只露出眼睛和背部。身体两侧各有一个胸鳍，像翅膀一样。胸鳍呈绿色，有一条线，包括14~16 根鳍条，从头部后方一直延伸到尾鳍。雄性棱须蓑鲉在嘴中孵化鱼卵。以无脊椎动物和浮游植物为食。

Helicolenus dactylopterus

黑腹无鳔鲉

体长：47 厘米
体重：1.55 千克
保护状况：未评估
分布范围：北半球、地中海和大西洋海域

黑腹无鳔鲉全身覆盖着鱼鳞。头部、嘴巴、眼睛都很大。背鳍突出，有12~13 根硬鳍条和 12 根软鳍条，均匀地分布在背部。胸鳍（16 根鳍条）和尾鳍很大，臀鳍较小。

鱼身的主要颜色是玫红色，伴有橙色、白色和灰色。

栖息深度为水下 50~1100 米，很少有鱼类生活在水下 1100 米深的地方。以小型鱼类、甲壳类动物、头足动物和棘皮动物（海星、海胆、海百合、真蛇尾属）为食。背鳍的鳍条有毒，释放的毒液可以令猎物产生强烈的痛感。体内受精。

Pterois volitans

翱翔蓑鲉

体长：38 厘米
体重：无数据
保护状况：未评估
分布范围：太平洋北部、印度洋、红海海域

翱翔蓑鲉生活在海岸边水下 50 米深的珊瑚礁周围。鱼鳍较大，鱼身和鱼鳍都呈棕色，伴有白色竖条纹。根据海水的深度改变颜色。头部较低，嘴巴较大。鳍条有毒，吸食小型鱼类和无脊椎动物。

比目鱼

比目鱼栖居在海底，可以通过改变颜色和条纹来隐藏自己，不被发现。在它们的生长过程中，要经历变态阶段，幼鱼时期与其他鱼类很相似，成年之后变得扁平，眼睛突出，嘴巴窄而斜。

一般特征 68

变态 70

鳎 72

一般特征

比目鱼包括鳎、鲽科、牙鲽科、丝帆鱼科、雄鸡鱼、舌鳎科和大菱鲆。它们是常见鱼，广泛分布于世界各地。栖居在海底和河底。最显著的特征就是身体的不对称性，这是它们和其他鱼类不同的地方。脊椎动物中也只有它们有这样的特点。身体扁平，成年鱼的两个眼睛位于脸的一侧。

门：脊索动物门

纲：鱼纲

目：鲽形目

科：11

种：570

特殊性

由于发育过程的特殊变化，器官和骨骼都移动到了身体的一侧，比目鱼呈现出鱼身扁平且身形不对称的特点。

侧身游

比目鱼属于辐鳍鱼（鱼鳍有鳍条）。多数生活在海中，少数生活在河流、小溪和湖泊中。鲽形目的名字源自它们独特的侧身游。成年鱼侧躺着游动，可以快速变成和海底或淡水湖底一样的颜色。变色不仅可以使它们躲避天敌，不被发现，也方便了它们捕食。为食肉动物，埋伏在满是泥沙的海床上，伺机捕食。和大多数硬骨鱼一样，是体外受精。眼睛突出，有一个一直延伸到头部的背鳍。毫无疑问，比目鱼最显著的特征就是它们的眼睛。刚出生时，它们的眼睛和其他鱼一样，位于脸的两侧，但是随着年龄的增长，一只眼睛开始发生变化，慢慢地移动到了脸的另一侧，和另一只眼睛长在了一起。同时，身体的一侧开始变色，另一侧由于长时间和海底接触，变成了浅色。

体形大小

比目鱼的体形大小不一。最小的是高体大鳞鲆，长 5 厘米，重 2 克。最大的是大西洋大比目鱼，它不仅是鲽形目中最大的，也是骨鱼中最大的，长 2 米，重 300 多千克。

很多比目鱼都有商业价值，因此为人所熟知，例如鳎、大菱鲆、雄鸡鱼和鲽。从很早开始，比目鱼对于当地居民（例如北美洲居民）来说就是重要的资源。同时，比目鱼也是沿海渔民重要的经济来源。

不同之处

对人们来说，鲽形目鱼类的种系关系一直是个难题。人们曾经根据形态解剖特点，把这些鱼分成不同的亚目、科和亚科，但都是在一个目内。近些年，人们在基因研究领域有了新进展，科学家们认为这些科的动物都源自同一个祖先（单源动物）。其中，有些科的鱼两只眼睛都位于身体右侧，例如无臂鳎科的鱼类（美洲鳎）或者不同的鲽鱼（鲽科），包括 41 个属的 101 种鱼类。此外，鲆科，这个比目鱼数量上最重要的科，包括 20 个属的 162 种鱼类，它们的两个眼睛都位于身体的左侧。牙鲆科的鱼类也是如此，包括 28 个属的 135 种鱼类，其代表鱼是大西洋大比目鱼。菱鲆科有 9 类生物，其中主要是大菱鲆，也包括漠斑牙鲆。在棘鲆科的鱼类中，眼睛都在左边或都在右边的情况是都存在的。这个科只包括 7 种鱼，腹鳍是它们的主要特点，还有 1 根鳍条、5 根软鳍条和发达的胸鳍。无论这些鱼有没有鱼鳍（尾鳍、背鳍、臀鳍、胸鳍、腹鳍），这种分类方式只是为了把不同的比目鱼分到相应的科目中。例如，舌鳎科的鱼类没有胸鳍和腹鳍，它们外形特殊，名字却普通。无臂鲆科的鱼类（源自拉丁语，意思是“没有手”）的胸鳍很短，或几乎没有。

移动的眼睛

比目鱼的眼睛都位于脸的一侧，左边或右边的情况都存在。

染色的背部

变形

比目鱼的幼鱼两侧对称，但不久后，它们的身体结构就开始发生变化：肠子变长；一只眼睛和一只鼻孔移动到脸的另一侧；成对的鱼鳍减少；身体一侧的鳞片减少，另一侧的鳞片增加；嘴巴的变化不太明显。这些变化使它们能够藏在泥土里，只露出眼睛。它们就这样霸占了其他鱼的地盘。

骨骼和变化

伪装

比目鱼可以迅速地改变身体一侧的颜色，模拟周围的颜色。这种能力使它们能够完美地伪装自己，尤其是埋在泥沙里时。通过这种方式，它们可以逃脱天敌的追捕，也可以暗中窥探猎物的动向。相反，身体的另一侧则没有颜色。

太平洋副棘鲆

可以隐藏在彩色的石头上。

凹吻鲆

可以变成沙子的颜色。

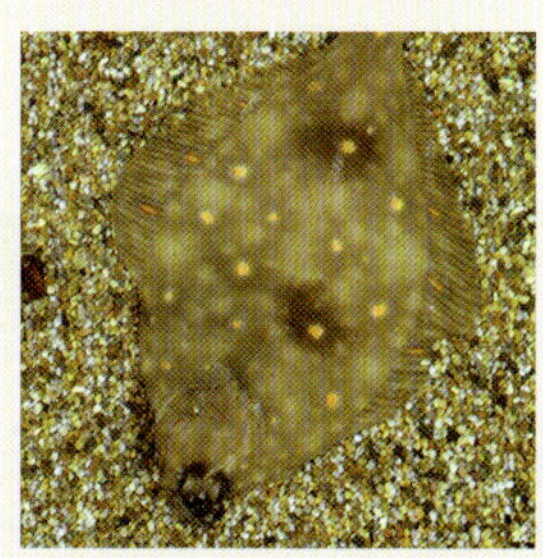

鲽鱼

模仿周围泥沙的颜色和图案。

变态

鳎和鲽鱼、大菱鲆一样，在刚出生的几年会有显著的变化。幼鱼刚出生时的外形和大部分鱼类没有什么不同。然而，几周后，它们就开始变形。鱼身变长、变扁，脑部和颌骨变形，眼睛和鼻子移动位置。

特点

美洲拟鲽是生活在浅水区的鲽鱼中最常见的一种。它们的外形呈椭圆形，很扁。背部颜色根据周围环境的不同而有所变化。腹部呈白色。嘴巴很小，眼睛位于脸的右侧。幼鱼生活在深海，成年鱼由于已经变形，生活在河流或者大陆架的底层泥沙中。

350 万

最大的美洲拟鲽一次产卵的数量。

头部

头部很小，嘴唇厚实、有肉感。鼻孔和眼睛一样，位于上方（右侧）。

眼睛

眼睛突出，从脸的一侧移动到另一侧。这个新的位置使视觉神经交叉。

嘴巴

较突出的那个颌骨有锋利的牙齿，另一侧则没有。

扁平

特殊的身体形状使它们能够部分隐藏在泥沙中，伺机捕食。

67 厘米

伪装

它们有一种能改变体色深浅和分布的细胞。

侧身游

鲽形目的名字源自希腊语：*pleura*—侧（侧面），*nerton*—游（游动）。

不对称

和其他脊椎动物不同，比目鱼身体两侧不对称。

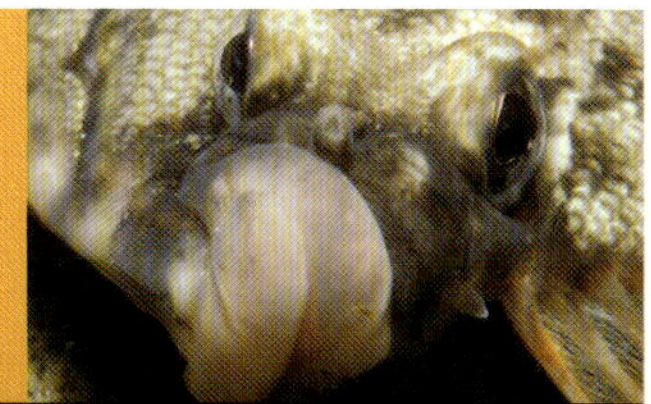

脸部的转动

比目鱼的外形从幼鱼变为成年鱼大约需要2周。变形在它们浮游生活时进行，当它们长到1厘米长时，变形结束，开始在海底生活。

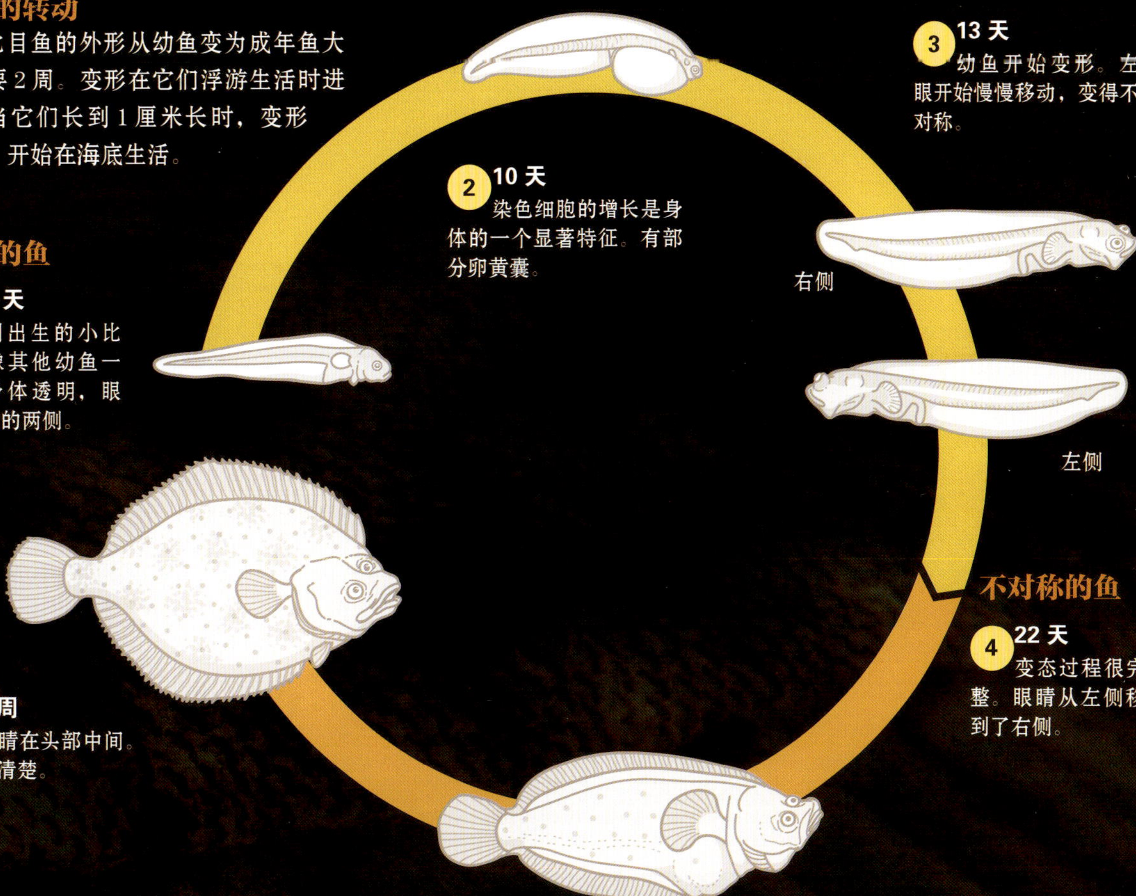

对称的鱼

1 3天
刚出生的小比目鱼像其他幼鱼一样，身体透明，眼睛在脸的两侧。

2 10天
染色细胞的增长是身体的一个显著特征。有部分卵黄囊。

3 13天
幼鱼开始变形。左眼开始慢慢移动，变得不对称。

不对称的鱼

4 22天
变态过程很完整。眼睛从左侧移到了右侧。

5 5周
眼睛在头部中间。尾鳍很清楚。

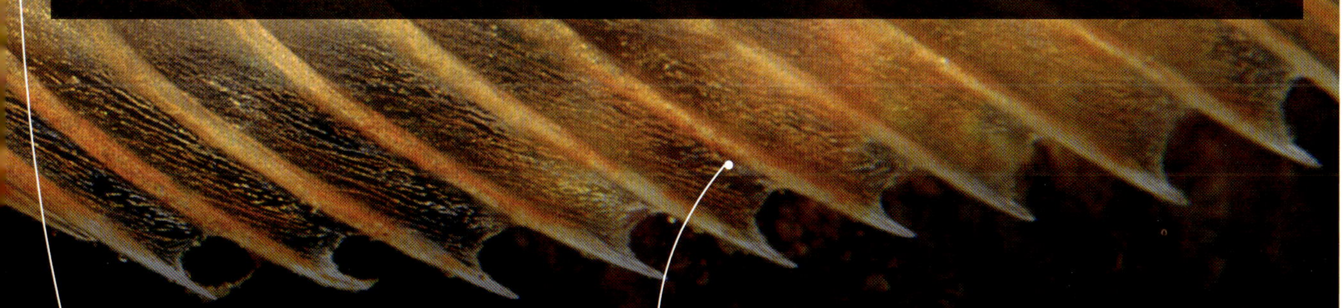

鳞片

鱼皮也不对称：下半部分的鱼鳞很细，呈旋轮线状；上半部分的鱼鳞很厚，呈栉齿状。

背鳍

背鳍很长，几乎延伸到了头部。都是软鳍条。除了鲽科，这个目的鱼的鱼鳍都没有硬鳍条。

零下1.5摄氏度

由于身体中有抗寒蛋白，这是它们所能承受的最低温度。

鳎

- 门：脊索动物门
- 纲：辐鳍鱼纲
- 目：鲽形目
- 科：11
- 种：670

鳎的体形两侧不对称。幼鱼在变态之前是对称的，但在变态之后，眼睛就都在脸的一侧了。根据科的不同，眼睛移动到左侧或者右侧。成年鱼的身体扁平，没有鳍条。大部分生活在盐水中，可以完美地隐藏在周围的环境中。

Citharichthys stigmaeus

眼点副棘鲆

体长：12.5~17 厘米
体重：无数据
保护状况：未评估
分布范围：太平洋东部海域

眼点副棘鲆有性别二态性，雄性眼点副棘鲆身体一侧的斑点都是橙色的。它们身上覆盖着大大的圆形鳞片，边缘为锯齿状。从阿拉斯加一直到墨西哥南部附近海域都有分布。栖居在沿岸海底的岩石和泥沙中。

以各种小型甲壳类动物和多毛虫为食。主要天敌是鸟类、海洋哺乳动物和大型鱼类。繁殖季于冬天开始。雌性眼点副棘鲆在浅海产卵，鱼卵在春夏两季孵化，鱼卵和幼鱼都生活在深海中。

自卫

它们通过变成和周围环境一样的颜色来保护自己，以防止被天敌发现。

不对称

眼睛位于身体左侧。在盲端是颌骨、尿殖乳头和肛门。

Pleuronectes platessa

鲽鱼

体长：0.25~1 米
体重：7 千克
保护状况：无危
分布范围：大西洋东北部、巴伦支海、地中海海域

鲽鱼是夜行性动物，白天隐藏在海底沉积物中。在幼鱼阶段，左眼移动到身体右侧，这种适应性让它们能够栖息在海底。变态后，栖居在较浅的近海。

主要吃多毛虫和软体动物。鱼卵在春夏两季孵化。

鱼肉

生鱼肉有毒，只有在烹饪后才能去除毒性。

Citharichthys sordidus

太平洋副棘鲆

体长：15~41 厘米
体重：900 克 ~4.5 千克
保护状况：未评估
分布范围：太平洋东部海域

太平洋副棘鲆很常见，胸鳍长至眼睛附近。在不超过 3.5 千米的区域内迁徙。日夜捕食，主要以甲壳类动物、鱼类、章鱼和幼鱼为食。

Pseudopleuronectes americanus

美洲拟鲽

体长：23~64 厘米
体重：3.6 千克
保护状况：未评估
分布范围：大西洋西部海域

美洲拟鲽是身体最厚实、尾梗最宽的鲽鱼。全身覆盖着鳞片，右侧的鳞片更厚更硬，眼睛也都在右侧。身体的颜色根据环境而变化。季节性迁徙：夏天游到深海，冬季又回到海岸边。生活在不太深的泥沙海底，有无植物均可。春天开始时，雌性美洲拟鲽产下 10 万颗鱼卵，并让鱼卵附着在植物上。幼鱼在变态前一直生活在海洋表面。

以各种海底生物为食，例如端足目动物和无脊椎动物。

保护
由于人类的大肆捕捞，美洲拟鲽的数量减少到原来的1/10。

特殊物质
人们通过基因工程技术提取了它们皮肤中的抗寒多肽，这种物质在现代工业中被广泛应用。

Asterorhombus fijiensis

菲济角鲆

体长：15 厘米
体重：无数据
保护状况：未评估
分布范围：印度洋、太平洋西部海域

菲济角鲆的分布和沙质热带珊瑚礁有关。菲济角鲆独来独往，并非群居生物。它们通常藏在珊瑚底部移动。

眼眶间有一个附肢，由背鳍变化而来。嘴巴上的附肢无色、纤细，形似甲壳纲动物，可用来引诱猎物。

菲济角鲆有超强的模仿力，可以迅速变成和海底一样的颜色。

Bothus pantherinus

豹纹鲆

体长：20~39 厘米
体重：无数据
保护状况：未评估
分布范围：印度洋和太平洋的中西部海域

豹纹鲆栖居在珊瑚礁周围。身上有深色斑点，边缘为白色，就像豹子的花纹一样，因此叫作豹纹鲆。性别二态性的一个体现是：雄性豹纹鲆的胸鳍很长，既可以在求偶过程中使用，也可以在保卫地盘时向对方发出警告。通常藏身于泥沙中，以深海动物为食。

Bothus mancus

凹吻鲆

体长：45 厘米
体重：无数据
保护状况：无危
分布范围：印度洋、太平洋海域

凹吻鲆栖居在较浅海域的珊瑚礁周围。夜行性动物。主要以小型鱼类、蟹和甲壳类动物为食。眼睛位于身体左侧，可以分开活动，能看到任何方向。这大大拓宽了它们的视觉范围。繁殖季于冬末开始。雌性凹吻鲆在受精之后会排出两三百万颗卵。鱼卵漂浮大约 15 天，孵化前会沉到海底。幼鱼在变成成年鱼之前一直在海里漂流。

蓝色斑点
凹吻鲆与其他同类鱼的不同之处就在于这些醒目的斑点。

海洋生物的藏身之处

珊瑚之间存在着一个神奇的世界，不同的生物在这里共存。月腋光鳃鱼（*Chromis atripectoralis*）、六线豆娘鱼（*Abudefduf sexfasciatus*）和黄衣锦鱼（*Thalassoma lutescens*）在这里形成混合鱼群，共同分享这片海域。

安全的藏身之处

蓝绿光鳃鱼（*Chromis viridis*）藏身于珊瑚的枝杈中，从而免受捕食者的威胁。它们总是组成大型鱼群活动，方便个体寻求保护和觅食。

环境与家园

曲纹唇鱼（*Cheilinus undulatus*）依赖珊瑚礁、红树林和海草为生。它们喜欢独居，但有时也会结成小鱼群长时间在某个固定区域活动。图中一尾曲纹唇鱼正在澳大利亚的豪勋爵岛附近的水域中巡游。

鲈形目

一般特征 92
濒危物种 94
河鲈及其亲缘鱼类 96
石斑鱼及海狼鲈 100
射水鱼 103
金枪鱼及其亲缘鱼类 104
重牙鲷 107
倒下的巨兽 108
蝴蝶鱼 110
慈鲷 112
雀鲷 114
国家地理特辑：小丑鱼报告 119
隆头鱼 124
鹦嘴鱼 128
螣鱼 130
鳄冰鱼 131
蓝子鱼 132
准雀鲷鱼 133
旗鱼和剑鱼 134
虾虎鱼及其相关鱼类 138
鳚鱼及其相关鱼类 142
鮨鱼 146
斗鱼及其他 148
叶形鱼 150
鲫鱼 151

一般特征

鲈形目是种类最丰富的鱼类目，其种类约占目前辐鳍鱼纲种类数目的 50%。它们在海洋环境中有所分布，但在热带、亚热带淡水水域更为丰富，也有一些生活在咸水中。它们形态各异，两片硕大的鳃盖骨长在头部两侧。鱼鳍通常分为两部分，前半部分的鳍条较硬，后半部分的鳍条较软。

门：脊索动物门

纲：辐鳍鱼纲

目：鲈形目

科：156 科

种：约1 万种

源头

从晚第三纪起，即两千多万年以前，鲈形目就大大多元化了，适应了各种水生环境，在全世界的大陆水域和大洋水域均有分布，其中主要分布在极圈带地区。

河鲈形态

鲈形目的得名要归功于鲈科的代表鱼——河鲈，首次于 1758 年由林奈记载。鲈形目由 7000 多种不同形态、大小、生活方式和饮食习惯的鱼构成。其中有的贪婪食肉，有的只食鱼，有的食草，还有的帮其他动物进行清理，比如裂唇鱼就帮更大的鱼类清理身上的寄生虫和黏液。它们鱼鳍中的鳍条很硬（如果看不见鳍条或鳍条很灵活，则是次级鳍条）。由于上颌骨和前颌骨很灵活，它们的嘴可以伸缩。当然，这一特征的演变从根本上取决于它们的饮食。它们有巨大而完整的鳃，鳃边缘有基本发育完整的棘或蜇针。一片或两片背鳍的基部很宽，前几根鳍条非常尖锐。第二片背鳍的鳍条很灵活，和前面的背鳍可能是相连的或断开的，甚至可能连到尾部。

鲈形目腹鳍的第一根通常为鳍棘，后面有五根灵活的鳍条，但有些鱼种可能没有。臀鳍由坚硬的鳍条支撑。它们有一条发达的侧线，一般呈“S”形，一直延伸至尾部。它们身体的结构变化

对钓鱼者而言

游钓者非常喜欢河鲈，因为它们不仅分布广泛，而且肉质鲜美。

嘴和饮食

鲈形目以软体动物为食的鱼颌部强壮有力，牙齿与臼齿类似，可以咬碎软体动物的钙质外壳。比如狼鳚可以用尖利的牙齿扒开沙土和石头来寻找猎物。

狼鳚

Anarhichas lupus

都是物种适应环境的结果。比如随鱼群一起游动的鱼，其臀鳍就和拨水的鳍相距较远，这样才能感知水的运动。多数鱼类的身体由栉鳞覆盖（其边缘状似梳子），但也有的是由圆鳞覆盖（边缘光滑）。它们的鱼鳔属于闭鳔类（与消化管不相连）。这是一个重要器官，它的遗传学特征和胚胎学特征奠定了分类基础，但也使人们对鲈形目的起源这一问题产生了争议。科学家在定义并系群等类群时达成一致，即一个目下各物种的祖先是多种多样的。

多样性

鲈形目中不同的鱼种已经适应了迥异的环境，发展出各种独门绝技以求生存。比如生活在海底的鱼类通常体态修长，前大后小，鱼鳍通常是残缺的。它们的上半身通常呈拟态色，便于隐藏自己，但腹部一般仍为浅色。它们的鳍条可能很长，能够像天线一样感知水流运动，从而逃离可能出现的猎食者。较大的鱼类，如剑鱼，则具有强壮的肌肉组织，新陈代谢水平也足以保证长时间的有氧运动。它们的身体一般呈纺锤形，尾鳍分叉，头很尖，有大量鳍棘，这样就减少了水的摩擦力，保证了游动时的稳定性。

繁殖

鲈形目鱼类大多数为雌雄异体，但也有的是雌雄同体，或先发育一种性别体征，随后再发育另一种。比如盖刺鱼科的月蝶鱼，性别发育方式就很独特。它们通常成双成对出现，当雄鱼死亡后，雌鱼将发育出雄鱼的特征：外观上颜色由黄转蓝，且带有深色竖条纹。体内则将卵子吸收，卵子停止作用，转而生成精子。两周后即可与鱼群中的其他鱼进行繁衍。雌雄同体中雌性变为雄性的现象被称为雌性先熟。另一种迟滞生长的雌雄同体发生在侧带拟花鮨（鮨科）身上。雌鱼可在2~3周内变性。雌鱼和雄鱼被归入混合或单独的群体中。幼鱼彼此孤立，生活在离出生地不远的地方。

对水族养殖而言

五彩搏鱼（*Betta splendens*）是水族养殖爱好者最喜欢的品种之一。

地理分布

鲈形目中的大多数鱼类生活在沿海大陆架水域，但在所有大洋开放水域中也有大量分布。只有约2000种生活在淡水中。其中慈鲷科的分布很有特色，主要分布在南美洲、中美洲和非洲的大陆水域中。

遍布世界

鲈形目的一些鱼种特别受游钓者欢迎，所以人们把这些鱼种引到了各国。

鲯鳅（*Coryphaena hippurus*），又称“鬼头刀”或“海豚鱼”，分布非常广泛，主要生活在热带和亚热带水域中。

黑叉齿龙螣（*Chiasmodon niger*）分布在热带水域，生活在大西洋、太平洋和印度洋洋底。

金腹雀鲷（*Pomacentrus auriventris*）从密克罗尼西亚联邦到印度尼西亚均有分布，聚集在珊瑚礁附近。

濒危物种

鲈形目在世界上几乎所有的水域环境中均有分布，它们受外部环境影响严重，比如农药、废料、重金属和污水对水体的破坏。此外，滥捕、全球变暖带来的海洋温度变化、不同的盐度和潟湖的干涸也是重大威胁。

特别敏感

环境的大幅度变化或多或少地影响了所有有机体。分布越是紧凑的种群，对环境影响越是敏感：一些种群生活在大陆架几平方千米的范围内，聚集在小盆地或洞穴中，如墨西哥地下湖或山中湖泊，从不游入海里。过度捕鱼或引入外来物种经常会破坏其多样性。还有一些种群只生活在特定的温度和盐度中。对它们而言，非常微小的变化都会让它们不安，破坏它们的免疫系统从而致病，此外还会造成生殖腺的发育问题，影响繁殖。只进食某种食物的种群也经常会受到污染事件（比如漏油）的影响。

遗传和进化

传递给后代的基因发生突变有利也有弊。在数量一定的亚种群中，不利的突变一般出现在近亲繁殖（近亲受精），这让它们更易患病。基因的短缺让许多鱼类的小种群更加脆弱，甚至可能导致灭绝，例如当它们丧失栖息地而数量锐减时。

大陆地方性疾病

患地方性疾病的物种就是一个对环境变化敏感的种群的绝佳例证。慈鲷科就受制于陆地环境，其中有许多种只生活在非洲和中美洲大陆。总体而言，鲈形目是非常脆弱的，处于极度危险之中，其中慈鲷科占到濒危鲈形目的59%。一个非常有代表性的案例是生活在东非大裂谷河的鲈形目鱼类，它们通过几百万年的共同进化形成了一个食物网，却遭受到过度捕捞和污染的威胁。

严峻的形势

鲈形目的许多鱼都有极高的商业价值，所以被人类过度无序地开发，已经将它们逼到了灭绝的边缘。

保育状况

根据国际自然保护联盟的数据，鲈形目中有574种已受到威胁。其中60%为慈鲷科，然后是鲈科和鮨科。其中最危险的是慈鲷科中的106种，占鲈形目中极度危险物种的75%。

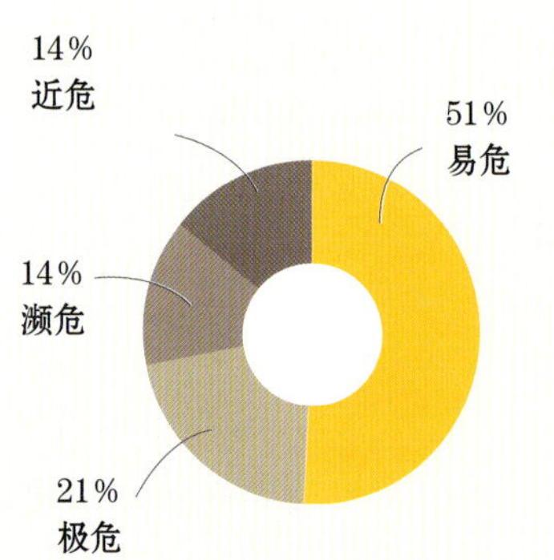

保育状况

鲈形目面临的主要威胁是栖息地缩小、水文条件变化、环境污染和过度捕捞。其中过度捕捞是最严重的问题。这导致很多物种的数量下降到了前所未有的水平。其中情况最不容乐观的是鲐鱼、海鲷、鲭鱼和狐鲣，这些都是经常被买卖的鱼种。随着科技的进步，人们可以发现越来越多的鱼群，但捕捞的效率却在日益降低。而另一个严峻的问题是物种入侵，由于没有天敌，当地物种的栖息地被迫改变，这也可能导致它们的灭绝。

乌氏慈丽鱼

慈丽鱼属

为非洲最有代表性的慈鲷鱼，由于栖息地湖泊、小溪周围的森林被砍伐，它们面临灭绝的危险。

曲纹唇鱼

Cheilinus undulatus

除了传统意义上的过度捕捞，曲纹唇鱼还遭遇到使用氰化钠的捕捞，这种物质会破坏它们赖以生存的珊瑚礁，从而使它们面临灭绝的危险。

博氏镖鲈

Etheostoma boschungi

由于工业废料和杀虫剂污染了它们赖以生存的湖泊和溪流，再加上地下水层的变化，它们也属于有灭绝危险的物种。

考氏鳍竺鲷

Pterapogon kauderni

为了水族养殖贸易，人们每年捕捞几十万尾考氏鳍竺鲷，这使它们面临灭绝的危险。许多考氏鳍竺鲷都在运输途中死亡。

乌鳍石斑鱼

Epinephelus marginatus

由于密集的捕捞，它们面临灭绝的危险。在过去的30年间，它们的数量下降了50%。

河鲈及其亲缘鱼类

门：脊索动物门
纲：辐鳍鱼纲
目：鲈形目
科：鲈科
种：200

它们体态修长，背鳍分开，臀鳍由一或两根鳍条支撑。它们是食肉动物，分布在北半球的淡水和咸水中，是北美洲种类最丰富的科之一。其中一些物种对于污染非常敏感，可作为衡量水域状况的指标。

Sander vitreus

玻璃梭鲈

体长：80~107 厘米
体重：9~11 千克
保护状况：未评估
分布范围：北美洲

玻璃梭鲈的大嘴中长满了尖牙，第一片鱼鳍中有尖棘。一般背部呈金黄色，侧面呈茶青色，在身体中段有 4~5 块横向的深色斑纹，腹部呈白色。一般雌鱼的体形比雄鱼大。

最长寿命为 30 年，但在过度捕捞的地区一般活不过 6 岁。它们生活在氧气充足的河流和湖泊中，以捕食昆虫和各种体形更小的鱼类为生。如果小鱼数量不够，它们也可以捕食蜗牛、青蛙和小型哺乳动物。由于它们的视力可以适应夜间环境，所以在湖泊中可以潜到很深的深度。它们沿着河流向上游迁徙，在布满沙石的土层上产卵。

大小
它们的生长速度取决于分布的地域：生活在南方的种群生长更快，体重也更重。

Crystallaria cincotta

钻石晶鲈

体长：8 厘米
体重：8~15 克
保护状况：未评估
分布范围：北美洲

钻石晶鲈身形修长，头部较大，尾鳍非常明显，两片背鳍发育完整。通体呈浅棕褐色，带有茶青色斑点，斑点多出现在体侧。即使完全潜在水中，夜晚时鳞片也能反射出闪亮的光（尤其是在有月亮的夜晚）。栖居在氧气充足的河流中，夜间捕食其他更小的鱼类。它们的眼睛能适应低光环境（所以在手电筒照射时，它们的眼睛会发光）。

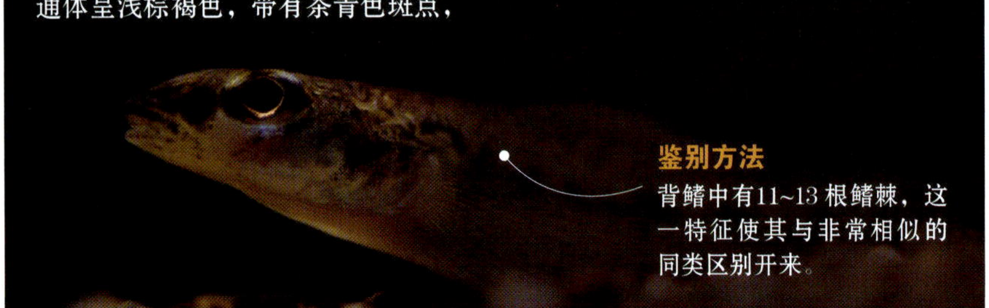

Sander lucioperca

白梭吻鲈

体长：1.5 米
体重：18 千克
保护状况：无危
分布范围：欧洲中部和东部

白梭吻鲈最大的特征就是其硕大的头颅和满口锋利的牙齿，其中 4 颗是犬齿。它们夜间出来活动，生活在混浊的、水流平稳的深水区，该水域底土层多淤泥，有石头覆盖。每到春天，它们就会逆流而上，到河流和小溪的源头去产卵，由雄鱼负责照看。它们已被引入非洲、亚洲和北美洲，但它们体形硕大而又大肆捕食，给当地生物种群造成了重大灾害。

Etheostoma maculatum

斑镖鲈

体长：5~9 厘米
体重：20~30 克
保护状况：近危
分布范围：北美洲

斑镖鲈色彩斑斓，雄鱼身上有很多闪亮的斑点。此外，无论雄鱼还是雌鱼体侧都有深色斑点。背部呈橄榄色。生活在含氧丰富、周围有岩石环绕的水域中，栖息温度为 10~24 摄氏度。在岩石缝隙中筑巢产卵。它们在美国水域有零星分布，是地方性特产。和其他镖鲈一样，也只生活在特定的水域中。斑镖鲈有三个不同的变种，区别主要是鱼鳍和鳍条的数量、鱼身颜色。它们以水生昆虫和马蜂为食。

鱼鳍
鱼鳍呈橄榄色，偏红，有红色的斑点，斑点边缘呈黄色或橙色。

繁衍
斑镖鲈初春时开始产卵，产卵期长达6周，由雄鱼负责照看。

Etheostoma blennioides

似鳚镖鲈

体长：13~17 厘米
体重：40~50 克
保护状况：未评估
分布范围：北美洲

似鳚镖鲈体形修长，颌长而圆。背部呈棕绿色，有 6~7 处深色标记，两侧有 5~8 个“U”形或“W”形的斑点。鱼鳍呈浅绿色，有些能呈现绿松石的色调，有些则没有（拟态）。雄鱼体形比雌鱼大。栖息在氧气充足的湍急河流沿岸，在水藻中或覆有地衣的岩石上产卵。雄鱼会严密守卫产卵地，以防有入侵者出现。似鳚镖鲈是一种食虫鱼，主要以黑蝇（蚋科）和孑孓（摇蚊科）为食。

Gymnocephalus cernua

梅花鲈

体长：10~25 厘米
体重：16~25 克
保护状况：无危
分布范围：亚洲和欧洲

梅花鲈背部呈橄榄色且偏金黄，侧面颜色较为暗淡，腹部呈白色且偏黄。栖息在氧气充足的湖泊中。在同等大小的鱼中攻击性非常强，鱼鳍中长满鳍棘，可用来驱赶入侵者。作为一种防御措施，它们受伤时可在水中释放激素，以提醒同类。它们以水底水生昆虫的幼虫为食。

Etheostoma wapiti

韦氏镖鲈

体长：6~8 厘米
体重：20~25 克
保护状况：易危
分布范围：北美洲

韦氏镖鲈背部呈橄榄色或灰色，雌鱼的颜色一般比雄鱼浅一些。它们的眼下和眼后都有暗色斑点。是唯一一种没有标志性红色斑点的镖鲈。我们很难发现野生的韦氏镖鲈，对它们的自然史也知之甚少。据称它们需要非常特殊的栖息环境。栖息于水流湍急的河流中，河中一般有圆卵石。它们是美国的标志性鱼类，只生活在西弗吉尼亚州。因为它们对水体杀虫剂中的化学物质非常敏感，所以，对它们的保育是一个大问题。和同属中其他物种一样，雄鱼负责保护附着在岩石下底土层里的鱼卵。

饮食
韦氏镖鲈在白天捕食，以水生昆虫的幼虫为食。

Perca flavescens

黄鲈

体长：50 厘米
体重：2 千克
保护状况：未评估
分布范围：北美洲

黄鲈在淡水和海水中均有分布，一般贴着水底游动。黄鲈的年龄和大小决定了它们的饮食结构，开始是以浮游动物为食，后来转变成以无脊椎动物的幼体为食，如蚊子、对虾和小鱼等（甚至会吃比自己小的黄鲈）。它们的天敌是大鱼和鸟类，如角鸬鹚（*Phalacrocorax auritus*）。1~3 岁时能达到性成熟。它们在春天开始产卵，将 1~4 万枚鱼卵产在水中的树枝或灌木上。根据天气条件和水温的不同，小鱼约在 11~27 天内孵出，寿命可达 11 年。人们已将其引入多个湖泊进行游钓。

条纹
身体侧面有6~8 条纵向的深色带。

产卵
一大群黄金鲈在浅水区产卵，一年一次。

Perca fluviatilis

河鲈

体长：50 厘米
体重：5 千克
保护状况：无危
分布范围：亚洲和欧洲

河鲈身体呈椭圆形，鳞片粗糙而坚硬。背部绿色而腹部呈银色，侧面有 5~7 条黑色条纹。河鲈和北美黄金鲈十分相似，可被认为是同一种。河鲈广泛分布在欧洲和西伯利亚地区。寿命可长达 21 年（但一般仅为 6 年），出生 2~3 年后即可达到性成熟。河鲈在夏季繁殖，此时水温可达到 6 摄氏度。一条雌鱼一般与多条雄鱼交配。它们看准机会进行猎食，一般在清晨和黄昏时最为活跃。

Percina aurantiaca

橘色小鲈

体长：13~18 厘米
体重：100~120 克
保护状况：未评估
分布范围：北美洲

橘色小鲈雄鱼的身体呈亮橙红色，非常醒目，一条黑色的带状花纹横向贯穿全身，背部呈灰色，而雌鱼的体色则偏黄。栖息在水质清澈、充满氧气的山区水域中。它们比较喜欢水流平缓、面积较小的栖息环境。它们以昆虫为食，幼鱼一般捕食蚊子的幼虫。

Percina kathae

凯氏小鲈

体长：8~16 厘米
体重：15~30 克
保护状况：未评估
分布范围：北美洲东北部

凯氏小鲈的吻呈锥形，长在腭上。第一片背鳍的上边缘、侧边中部和通身都呈棕黄色或黄绿色。身上有几条发黑的纵向条纹，有点类似虎皮纹，尾鳍上也有一处深色斑点。凯氏小鲈是莫比尔河特有的鱼类。它们在缓流小河的沙质河床或碎石上，或在淤泥质的湖底进食。和镖鲈不同，它们不会保护自己的鱼卵，雄鱼也不会捍卫自己的领地。它们的寿命可达3~4 年。幼鱼一般以甲壳纲动物为食，成年鱼则主要捕食蚊子的幼虫和其他昆虫。

分布
凯氏小鲈有广泛的栖息地，从大河流到小水域，甚至是浅井和木桶皆可。

Percina rex

王小鲈

体长：8~15 厘米
体重：10 克
社会单位：独居
保护状况：易危
分布范围：北美洲东北部

王小鲈身体结实而修长，体色较浅，从背部到体侧有深色条纹，腹部呈白色。成年鱼的两片背鳍非常高。王小鲈分布在美国弗吉尼亚州的罗阿诺克河和乔万河的出水口，是美国特有的鱼种。主要生活在急流沙砾水域和井中，捕食各种昆虫（幼虫和成虫）。王小鲈嘴的特殊形状可以方便它们翻开水底的小石块觅食，这是其他鱼类做不到的。王小鲈在 2~3 岁时可达到性成熟。它们一般在春天，即水温达到 12~14 摄氏度时产卵，把鱼卵产在水流平缓的沙砾上。

产卵
产200~600 枚鱼卵，这些鱼卵都是有黏性的，可以固定在河流和小溪的沙砾上。

Percina palmaris

青铜小鲈

体长：8~10 厘米
体重：10~15 克
保护状况：未评估
分布范围：北美洲东北部

青铜小鲈有 8~10 条宽条纹从背部穿过体侧一直延伸到腹部。背部呈棕黄色，越靠近体侧和胸腹颜色越浅。在繁殖期的雄鱼身体呈深铜色，略微泛一点绿色。雌鱼和雄鱼的体态差别很大：雄鱼的背鳍和臀鳍比雌鱼长，条纹也更多。它们仅分布在美国东部的莫比尔河流域。一般生活在水流平缓或湍急的水域中，在有沙砾和圆形卵石的河床上觅食。

Percina bimaculata

切萨皮克小鲈

体长：109 毫米
体重：无数据
保护状况：未评估
分布范围：美国东部

切萨皮克小鲈背部呈橙黄色，腹部呈白色或奶油色。背部和身体中线之间有 7~11 条不规则深色条纹，在成年雄鱼身上尤为显眼。切萨皮克小鲈学名的由来是它们身体两侧的尾部区域各有一个点，这让我们可以方便地将它们和其他体色相近的同属鱼类区分开来。它们需钻进沙砾中觅食，在锥形嘴的帮助下寻找水生昆虫。切萨皮克小鲈并不常见，但在某些地区数量比较多。它们分布在切萨皮克小海湾，但当地的人类活动可能让这一物种面临危险。

Sander canadensis

加拿大梭鲈

体长：36~70 厘米
体重：3~4 千克
保护状况：未评估
分布范围：北美洲

繁衍
雌鱼的体形越大，卵子质量就越高，生殖能力也就越强。

身体构造呈典型流线型，这是为了在捕猎食物时达到最大速度并在湍急的水流中尽量减少动作幅度。前后背鳍各不相同，前面的背鳍里面有鳍棘，后面的更光滑。加拿大梭鲈属于迁徙型鱼类，随着季节的变换，在河流中的分布也不同，迁徙范围可达 10~600 千米。大雨过后河底的沉淀物翻滚，让河水变得混浊不堪，但加拿大梭鲈也能很好地适应。它们在夏季需要比较高的水温，即 20~28 摄氏度，这使得它们的分布受南北纬度的限制很大。它们出生 2~5 年后可达到性成熟，寿命长达 18 年。加拿大梭鲈一般在布满岩石的底土层产卵。

石斑鱼及海狼鲈

门：脊索动物门
纲：辐鳍鱼纲
目：鲈形目
科：鮨科
种：450

它们体形修长，一般只有一片背鳍和一片圆形的尾鳍，大多数体色鲜艳。它们属于海鱼，生活在热带、亚热带和温带沿岸海域。其中一些暂时或永久性地生活在淡水中。大多数都以鱼类和甲壳纲动物为食。有一些鱼种会变性，起初是雌性，后来变成了雄性。

Pseudanthias dispar

刺盖拟花鮨

体长：8~9.5 厘米
体重：14~19 克
保护状况：未评估
分布范围：印度洋和太平洋中部海域

刺盖拟花鮨身体狭长，嘴大，侧面呈披针形。尾鳍呈叉形；背鳍呈紫红色，其中有 10 根鳍棘，边缘光滑，从后颈延伸至尾部。身体的其他部分呈紫色或浅红色，腹部呈白色。腹鳍很长，超过体长的一半，有时呈蓝紫色。雌鱼为橙色，鱼尾呈黄色，一条粉色的线从嘴边延伸到眼下。它们生活在珊瑚礁边，群体捕食浮游生物。

Pseudanthias squamipinnis

丝鳍拟花鮨

体长：10~15 厘米
体重：15~23 克
保护状况：未评估
分布范围：印度洋和太平洋中部海域

丝鳍拟花鮨通体（包括腹部）呈金黄色或橙黄色，但可随周边环境变化。栖息于热带水域的珊瑚礁中。

Acanthistius brasilianus

巴西刺鮨

体长：60 厘米
体重：3~4 千克
保护状况：数据不足
分布范围：大西洋南部海域

巴西刺鮨体态肥硕，嘴大而吻钝，眼睛很小。第一片背鳍中有鳍棘，据说可用来防御。通体呈灰色或棕灰色，体侧有 3~4 条黑色竖条纹，腹部呈白色。生活在 15~60 米深的亚热带海域和河口区。主要以鱼、甲壳纲动物、软体动物和蠕虫为食。

Anyperodon leucogrammicus

白线光腭鲈

体长：65 厘米
体重：4~5 千克
保护状况：无危
分布范围：印度洋和太平洋中部海域

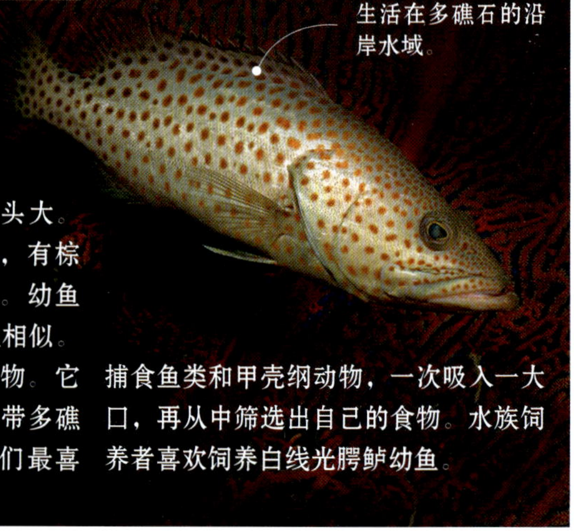

白线光腭鲈体态肥硕且头大。身体呈白色，偏粉红或偏红，有棕褐色的斑点均匀分布在全身。幼鱼有蓝金色条纹，和紫色海猪鱼相似。这种伪装可以帮它们接近猎物。它们生活在深度为 5~50 米的热带多礁石海域，并在海底觅食。它们最喜捕食鱼类和甲壳纲动物，一次吸入一大口，再从中筛选出自己的食物。水族饲养者喜欢饲养白线光腭鲈幼鱼。

Pseudanthias pleurotaenia

侧带拟花鮨

体长：20 厘米
体重：335~450 克
保护状况：无危
分布范围：太平洋海域

侧带拟花鮨雄鱼呈紫红色，身体两侧均有粉红偏蓝色的浅色斑点，但在繁殖期外基本看不到。

胸鳍一般呈荧光蓝。雌鱼没有斑点，通体呈黄色，鱼鳍为绿色或泛绿。栖居在 10~180 米深的热带珊瑚礁水域，会群体捕食浮游动物。它们有时按性别分开行动，有时又会聚在一起。和其他花鮨一样，它们也是雌雄同体的，如果领头的雄鱼死亡，则团体中最大的雌鱼会变性，来取代它的位置。人们将它们从生活的水域中捞出，卖给水族饲养者，这严重影响了某些区域侧带拟花鮨的种群。

Odontanthias fuscipinnis

棕鳍牙花鮨

体长：19 厘米
体重：300~450 克
保护状况：未评估
分布范围：太平洋海域

棕鳍牙花鮨通体呈亮黄色，头上有一道水平方向的红色条纹和几处斑点。它们以浮游生物为食。棕鳍牙花鮨能产大量鱼卵，鱼苗个头很小，所以随着洋流漂动，直到它们准备好进入成年鱼的团体。棕鳍牙花鮨的社会结构非常复杂，取决于雌鱼和雄鱼的数量以及它们在珊瑚礁里的位置。一个鱼群中通常有一条领头的雄鱼，另外再有两名副手和 12 条雌鱼。

Dermatolepis dermatolepis

条斑鳞鮨

体长：1 米
体重：9~12 千克
保护状况：无危
分布范围：美洲的太平洋东部海域

条斑鳞鮨身体高且坚实，尾鳍的边缘竖直。它们的颜色各异，但底色均为浅色，全身遍布条纹或斑点，以黑色、白色或灰、粉色为主。它们栖息在 20~40 米深的珊瑚礁中，以（海底的）底栖鱼类为食，有时也吃甲壳纲动物。

Cephalopholis miniata

青星九棘鲈

体长：45 厘米
体重：2.5~3 千克
保护状况：无危
分布范围：印度洋和太平洋中部海域

青星九棘鲈通体呈橙红色而且偏红棕，全身有大量的亮蓝色或白色小斑点，在身体中央有两三条纵向的深色条纹。眼睛很小，整体看上去很强壮。栖息在 2~150 米深的热带水域中，它们栖息的礁石周围海水清澈透明，几乎毫无遮掩。主要捕食鱼类，尤其喜食丝鳍拟花鮨，此外还捕食甲壳纲动物。它们经常挖洞，用大嘴移动海底的沙子。一个群体中通常有一条雄鱼和 2~11 条雌鱼，它们总是大量聚居，通常占据 500 平方米的面积，每个小区域都由一条雄鱼负责守护。虽然我们推断它们是雌雄同体生物，但目前还没有任何记录证明这一点。

Epinephelus itajara

伊氏石斑鱼

体长：2.5 米
体重：300 千克
保护状况：未评估
分布范围：大西洋和太平洋东部海域

伊氏石斑鱼的体形肥硕，嘴又宽又大。身体呈棕色偏白的拟态色，体侧有三四条深色纵向条纹。主要生活在礁石区，但也有生活在热带水域海藻丛中或深度中等水域中的。幼鱼生活在咸水河口和红树林，这是石斑鱼的非典型习性。它们一般以小鱼、甲壳纲动物和章鱼为食，梭鱼（金梭鱼科）和大鲨鱼是它们的天敌。它们的生长速度很慢，在夏季繁殖：几百条鱼聚集在 15~30 米深的水域中进行繁殖。幼鱼刚出生时均为雌鱼，10 年后才会变性。它们经常隐藏在礁石的洞穴中，把那里作为它们的领地；当它们感觉受到攻击时会迅速张口咬食。

Mycteroperca tigris

虎喙鲈

体长：1 米
体重：15~27 千克
保护状况：无危
分布范围：大西洋中部海域

虎喙鲈的体形壮大肥硕。背部颜色很深，有 9~11 道浅色条纹，呈虎皮条纹状。它们的体色可随环境的不同在深浅之间变化。它们的捕食方式为吸入小鱼再将小鱼留在齿间。

Plectropomus leopardus

鳃棘鲈

体长：1.2 米
体重：23 千克
保护状况：近危
分布范围：太平洋西部海域

鳃棘鲈身体呈橄榄色而且偏红棕，有些鳃棘鲈呈橙红色。头部和身体上有很多蓝色斑点（只有胸腔以下部位和腹部为浅色）。它们生活在 3~100 米深的热带水域中。以鱼类和无脊椎动物如甲壳动物和鱿鱼幼体为食。是远洋性鱼类（需要进行长距离迁徙以进行繁殖）。它们在新月时聚在礁石上产卵，寿命为 26 年。

Variola louti

侧牙鲈

体长：75~83 厘米
体重：12 千克
保护状况：无危
分布范围：印度洋和太平洋海域

侧牙鲈呈灰紫色，有深色小斑点，侧面和腹部呈粉红色，偶尔有黄色斑点。它们生活在 3~240 米深的珊瑚礁中，多生活在岛屿附近，鲜有分布在大陆架附近的。尾巴的边缘呈里拉琴形，黄色，十分醒目，如果海水清澈，在很远的地方就能看到它们。以鱼类、螃蟹、对虾和口足类动物为食。每年产卵两次，人们通常认为随着年龄的增长，雌鱼会变性成雄鱼。

Paralabrax clathratus

大口副鲈

体长：72 厘米
体重：5.5~7 千克
保护状况：无危
分布范围：太平洋海域，美国加利福尼亚沿海

大口副鲈的眼睛和嘴均很大。背部呈灰棕色，有白色的长方形斑点呈线状分布，腹部呈白色。栖息于 60 米深布满褐藻的水域之中。大口副鲈属于底栖生物，但在各种深度均有分布。捕食鱼类和头足类动物。如果有充足的浮游生物，幼鱼和成鱼都可以之为食。到产卵期时它们大量聚集，鱼卵也成为浮游生物的一部分，直到它们长成幼鱼。

射水鱼

门：脊索动物门

纲：辐鳍鱼纲

目：鲈形目

科：射水鱼科

种：7

射水鱼的特征是用口中射出的水柱来攻击并捕食昆虫和其他动物。它们生活在河口红树林附近的咸水水域中，但也能在淡水或海水的开阔水域存活。它们体态修长，体侧紧致，背鳍向后延伸，侧面呈三角形。它们的嘴可以向外伸出。

Toxotes jaculatrix

射水鱼

体长：30 厘米
体重：0.8~1 千克
保护状况：未评估
分布范围：印度洋及太平洋中西部海域

射水鱼的身体呈银白色或黄色，背部有 4~6 条黑色条纹。整个腹部呈白色，鱼鳍为半透明的白色。主要栖息在 25~30 摄氏度的热带河口红树林水域，但在其生命周期中也会进入淡水河流和小溪。它们生活在水上的灌木区和悬浮植被附近，并在这里觅食。白天，它们在水面巡游。它们用嘴喷出水柱猎取空中的猎物，在猎物刚接触水面时就迅速将其吞下。它们喷出的水柱力量很大，有时可高达 2.5 米，但持续时间不超过 1 秒，因此适合伏击猎物。它们还可以以浮游植物为食。总是群体行动。

瞄准
它们双眼很大且为双目视觉，可以计算射程。

Toxotes microlepis

小鳞射水鱼

体长：15 厘米
体重：200~250 克
保护状况：无危
分布范围：太平洋中西部海域

小鳞射水鱼的体形和颜色与射水鱼均十分相似，但体形更小，且嘴更突出。黑色的条纹可以延伸至腹部以及背鳍和腹鳍。通常栖息在大河中，但需要迁徙来进行繁殖，有时甚至迁徙到河口水域（咸水区）。它们以昆虫、浮游动物、甲壳纲动物和幼虫为食。

Toxotes lorentzi

洛氏射水鱼

体长：18 厘米
体重：300~350 克
保护状况：无危
分布范围：澳大利亚

洛氏射水鱼的嘴部又大又扁。身体呈灰色，背部为深色或橄榄色，腹部为浅色，有些洛氏射水鱼有纵向的深色条纹。背鳍和腹鳍呈半透明状，且均为浅色。它们生活在热带的小溪和沼泽中，栖息温度为 24~32 摄氏度，水面有大量的悬浮植物。它们在雨季之初产卵。洛氏射水鱼一般很少见，但在特定的地点和特定的季节常有出没。和其他射水鱼一样，它们以中小型的陆生昆虫为食。

金枪鱼及其亲缘鱼类

门：脊索动物门
纲：辐鳍鱼纲
目：鲈形目
科：2
种：205

狐鲣和金枪鱼（鲭科）体态肥硕，呈纺锤形，头尖，尾部分叉。它们在水面附近成群活动，是人类重要的捕捞对象。蓝鳕、高体鰤、智利竹鱼和波线鯵(鯵科)都是生活在开阔水域的高速捕食者。它们体形修长且坚实，臀鳍中有两根棘。

Scomber japonicus

白腹鲭

体长：50 厘米
体重：1.1~2.9 千克
保护状况：无危
分布范围：温带大西洋海域

白腹鲭为深海浮游或深水鱼类，生活在250~300 米深的水域中。身体呈纺锤形，符合流体动力学特征，尾柄（身体与尾巴连接的部分）细圆。叉形的尾巴前有小鳍位于背部和臀部。背部呈深绿色，有纵向的波浪形粗线条点缀。尾巴上每一片尾叶的基部各有一块深色的圆形斑点。栖息于14~23 摄氏度的相对温暖的水域中。白腹鲭喜群居，通常成群结队地迁徙。它们成长速度很快，通常在3~4 岁时达到成熟。一般在春夏季进行体外繁殖。它们在特定的区域捕食秘鲁鳀、深海浮游甲壳动物、浮游动物和浮游植物。白腹鲭还有重要的商业价值。

解剖学特征

白腹鲭与同属的其他鱼类不同，因为它们出生时鱼鳔与食管相连。

Thunnus thynnus

北方蓝鳍金枪鱼

体长：2.5 米
体重：450 千克
保护状况：极危
分布范围：大西洋和地中海海域

北方蓝鳍金枪鱼的体态浑圆呈纺锤形，符合流体动力学特征，嘴小而尖，牙齿呈锥形。它们是远洋鱼类，经常下潜至100 米深的水域。它们会进行大规模迁徙，如在春天会从大西洋迁徙至地中海等较温暖水域进行繁殖。人们通常认为它们在冬天依然生活在1000 米深的较冷水域中。它们不喜群居，但有时会和同科（金枪鱼科）其他鱼类一同出没，以螃蟹、鲭鱼和浮游生物为食，天敌是虎鲸和巨头鲸。

Scomberomorus sinensis

中华马鲛

体长：1~2.18 米
体重：20~80 千克
保护状况：未评估
分布范围：太平洋西部海域

中华马鲛一般生活在海洋环境中，但也可在河流中存活，尤其是中国的澜沧江水域。它们以鱼类为食。体侧呈银色，有两串大的圆形斑点。背鳍有15~17 根硬鳍棘和同样数量的软鳍条。腹鳍有16~19 根软鳍条，但无硬鳍棘。嘴尖，尾部呈叉形，有大小不同的叶片。

Rastrelliger kanagurta

羽鳃鲐

体长：35 厘米
体重：无数据
保护状况：未评估
分布范围：印度洋西部和太平洋西部海域

羽鳃鲐的身体上方有深色或金色条纹，胸鳍下边缘处有黑色斑点。背鳍为黄色，也有黑色的斑点。它们一般生活在沿岸浅水区，温度在17 摄氏度以上。成年羽鳃鲐常在海湾、港口和深潟湖中出没，这些水域大都较混浊，且有充足的浮游生物。以大型浮游生物为食，其中包括幼虾和鱼类。生活在北半球（印度）的羽鳃鲐于 3~9 月之间产卵，而生活在塞舌尔群岛附近的羽鳃鲐则在 9 月至次年 3 月间产卵。它们的卵就产在水中，无须照看。

幼鱼饮食

幼鱼以硅藻等浮游植物和浮游动物为食。随着幼鱼的成长，它们的肠道也会缩短，开始适应成鱼的饮食。

Thunnus maccoyii

蓝鳍金枪鱼

体长：2.5 米
体重：200~400 千克
保护状况：极危
分布范围：大西洋、印度洋和太平洋海域

蓝鳍金枪鱼是体形最大的有骨鱼，鳍相对较小。和金枪鱼的其他种类一样，可以将体温维持在高于环境温度 10 摄氏度以上。这是一大优势，因为高体温可以保证高的新陈代谢率，让它们在捕猎或长途迁徙时都占尽优势。它们以甲壳动物、头足动物和其他鱼类为食。在 9~12 岁时达到性成熟。蓝鳍金枪鱼具有极高的商业价值，通常被人们生食。

Acanthocybium solandri

沙氏刺鲅

体长：2.5 米
体重：83 千克
保护状况：未评估
分布范围：大西洋、太平洋和印度洋、加勒比海和地中海海域

沙氏刺鲅生活在热带和亚热带水域，由于肉质鲜美、游动速度极快（可达 75 千米/时），受到游钓者的垂青。它们体形修长，鳞片呈金属色，但并不显眼。它们的嘴很大，当嘴紧闭时，皮肤的褶皱会遮住颌。人们根据这一特征可以区分沙氏刺鲅和普通鲭、大鳞魣等相似种类的鱼。它们通常独居，但在适宜的环境中也会群体行动，一个群体最多可达 100 条。它们以其他鱼类和鱿鱼为食。人们通常认为沙氏刺鲅的繁殖期依栖息地的不同而有所变化，在全年均有可能繁殖。雌鱼每次可产 6000 万枚鱼卵，这些鱼卵漂浮在海洋上。

Thunnus albacares

黄鳍金枪鱼

体长：2.8 米
体重：200~400 千克
保护状况：无危
分布范围：世界各地均有分布

胸鳍

胸鳍很长，且会超过第一背鳍。

颜色

背部呈黑色或暗蓝色，腹部呈银色或黄色，与背鳍和臀鳍颜色一样。

黄鳍金枪鱼生活在全球热带和亚热带的开放水域中。黄鳍金枪鱼属于上层鱼类：栖息于接近水面 100 米的水体内，适宜温度在 18~31 摄氏度之间。和其他金枪鱼一样，它们也充满活力，游速可达 70 千米/时，在特殊情况下甚至可以超过 100 千米/时。它们的迁徙通常持续两个月。最多可下潜 400 米。由于过度开发导致蓝鳍金枪鱼数量减少，这使黄鳍金枪鱼成为重要捕捞对象。它们与金枪鱼科的其他物种以及海豚、大西洋鼠海豚、鲸鱼和鲸鲨成群结队。它们不挑食，主要以各种鱼类（凤尾鱼、鲭鱼和其他金枪鱼）、鱿鱼、章鱼和海蟹为食。它们通常在日间捕食。

Trachinotus stilbe

灯鲳鲹

体长：30~47 厘米
体重：700 克
保护状况：无危
分布范围：太平洋东部海域，厄瓜多尔和秘鲁附近沿海

灯鲳鲹是生活在沿海水域的海鱼，有固定的居所，一般栖息在礁石中，总是成群行动。在水深 25 米处可以发现它们的踪迹。吻长，侧线笔直，腹鳍很小。身体呈椭圆形，体侧为银色，而腹部为白色，尾鳍的边缘为黑色。人们易将其与美洲鲳鲹、白舌尾甲鲹混淆，后二者也属于鲹科，但根据头后的彩虹白条纹就可以将它们区分开来。

人们对其繁殖情况知之甚少，但很显然，它们在春、夏、秋三个季节产卵。鱼卵和幼鱼都在海中浮游。生长速度很快。

饮食
它们主要以深海浮游的甲壳纲动物和其他有骨鱼为食。

特别的线
一旦将它们从水中捞出，白色线纹就会迅速消失。

Lichia amia

波线鲹

体长：1~2 米
体重：19 千克
保护状况：未评估
分布范围：大西洋东部和地中海海域

波线鲹为海洋上层鱼类，生活在沿岸水域（距离海岸约 200~300 米），栖息深度为 50 米。它们可以进入河口，尤其是在秋天排卵的时候。它们的卵也漂浮在海水表层。面部较尖，上颌骨后端延伸至眼后缘后方。侧线弯曲，胸鳍前后都有一道曲线花纹。波线鲹的第一背鳍有 7 根硬鳍棘，第二背鳍有 19 根硬鳍棘和 21 根软鳍条。背部呈棕色而且偏银绿，侧线以下的部分呈银白色。鱼鳍呈浅棕色，背鳍和臀鳍呈黑色。上下颌间的牙齿又小又尖。

成年鱼的游动速度非常快，且视觉很好，可以捕食小鱼和幼年的甲壳纲动物。

波线鲹深受游钓者的喜爱。

Parona signata

拟鲳鲹

体长：43~59 厘米
体重：570~1600 克
保护状况：未评估
分布范围：大西洋西南部海域

拟鲳鲹是栖息于海水底层、上层的凶猛肉食性鱼类。以鱼类尤其是鳀鱼和无须鳕幼鱼为食，但也吃章鱼和甲壳纲动物。它们体态修长，侧扁，呈菱形，通体覆盖着微小的闪闪发光的银色鳞片，背部呈深蓝色，鱼鳍呈灰色。有一条侧线从鳃盖骨弯弯曲曲地延伸至背鳍的起点处。尾鳍呈叉状，臀鳍和第二背鳍几乎完全对称。嘴又扁又大，嘴角向上倾斜。

在春夏两季繁殖，寿命约为 6 岁。人们捕捞拟鲳鲹后一般直接在当地食用新鲜的鱼肉。

Trachinotus falcatus

镰鳍鲳鲹

体长：1.22 米
体重：39 千克
保护状况：未评估
分布范围：大西洋西部海域

镰鳍鲳鲹分布在大西洋西部。学名中的“*falcatus*”源自拉丁语，意即“带着镰刀的”，这是指它们的背鳍很长，当它们在水面附近觅食时，部分背鳍会露出水面。身体侧扁。在臀鳍前的腹部位置有一块橙色斑点。它们的牙很小，且向后弯曲。成鱼呈银色且偏蓝灰。栖息在较浅的热带水域，如运河或沙质浅滩中，有的独居、有的群居。虽然它们是生活在沿岸水域的鱼类，但为了产卵也会游入海中，在海里以无脊椎动物为食。

颜色
有些镰鳍鲳鲹颜色很深，幼年镰鳍鲳鲹能够变色。

重牙鲷

门：脊索动物门

纲：辐鳍鱼纲

目：鲈形目

科：鲷科

种：125

鲷科中最为人们所熟知的鱼种为梭鱼（金梭鱼科）和重牙鲷。它们体形高耸，侧扁，背鳍有鳍棘，尾鳍张开，栉状鳞片发达。栖息于海岸边，是杂食性鱼类。它们雌雄同体：既可从雄性变为雌性，也可从雌性变回雄性。

Pagrus pagrus

赤鲷

体长：70 厘米
体重：8 千克
保护状况：濒危
分布范围：大西洋海域，从大不列颠群岛至阿根廷沿海

赤鲷比较喜欢亚热带中上层水域。它们身材矮小且扁，呈椭圆形，通身由银粉色鳞片覆盖，有黄色条纹。它们的鱼鳍或粉或红，十分惹眼。它们的嘴又尖又长，游动速度非常快。通常为独居动物，偶尔也会形成小群体。

Diplodus vulgaris

项带重牙鲷

体长：20~45 厘米
体重：无数据
保护状况：未评估
分布范围：大西洋东部和地中海海域

项带重牙鲷栖息在亚热带沿岸泥沙混杂的水域，深度可达 100 米。它们的底色为银色，身上有金色的条纹，背部颜色要更深些。此外它们还有两条非常显眼的黑色条纹。幼鱼喜欢富含水藻的水域。成年鱼以甲壳纲动物、软体动物和水藻为食。它们雌雄同体：一生中可以体现出两种性别，先为雄性，后为雌性。项带重牙鲷在 9~11 月间产卵。

Pagellus erythrinus

绯小鲷

体长：10~50 厘米
体重：3.2 千克
保护状况：未评估
分布范围：大西洋东部和地中海海域

绯小鲷的身体呈椭圆形或纺锤形，眼、口均很小，这一特征可以方便人们区分绯小鲷和黑斑小鲷、腋斑小鲷等同属近缘种。它们是雌雄同体生物：2 岁之前是雌性，到 3 岁就变成雄性。以其他鱼类及海底无脊椎动物为食。栖息在近岸水域中，那里通常为岩石底，布满砾石、沙子和海藻。它们组成小群体生活在距水面不远处，但冬天会潜入更深的水域，在地中海会潜至 200 米的深处，而在北海则会潜至 300 米的深处。

食用绯小鲷可能会引起希瓜特拉病，这是生活在礁石水草中的腰鞭毛目动物身上的毒素导致的中毒现象。

Archosargus probatocephalus

羊鲷

体长：75 厘米
体重：10 千克
保护状况：未评估
分布范围：大西洋西部海域

羊鲷的体形高而扁，以灰色为底色，体侧有 5~6 条深色条纹。它们的背上有几条尖棘，嘴部坚硬、牙齿锋利，有助于获取猎物：牡蛎等双壳类动物和螃蟹。

倒下的巨兽

尽管对北方蓝鳍金枪鱼（*Thunnus thynnus*）的捕捞从100年前就开始了，但是北方蓝鳍金枪鱼的数量却从1970年才开始减少，而这正是日本市场开始赋予其经济价值的年份。虽然国际大西洋金枪鱼保护委员会、世界自然基金会等各国际组织都在积极努力，但是它们依然是目前全球范围内非法捕捞指数最高的物种。每年允许的捕捞量为3.2万吨，但实际捕捞量为5万吨，这导致北方蓝鳍金枪鱼的数量减少了80%。

饲养方法

有些国家采用了在养殖场育肥北方蓝鳍金枪鱼的技术，在2~6个月内即可增加幼鱼样本身上的生物质量。

24小时内从海洋上餐桌

捕捞北方蓝鳍金枪鱼的船只具有特殊设计，使其可以每天冷冻并存储200吨金枪鱼。供应船则负责满足这种船只的需要，并将货物运送至加工厂。

围网捕捞

捕捞金枪鱼最有效的方法是围网捕捞，具体方法为发现金枪鱼群，然后用近2千米长、190米深的不规则四边形网将其围住。这张网的底部有铅锤、上面有浮标，从而保持网的竖直。当鱼群靠近时，渔网闭合并用驳船（围网渔船的一部分）拉起。在所有的围网捕捞中，捕金枪鱼的方法是最完善的，采用的技术也是最先进的。在美洲，美国和墨西哥的设备是最精良、也是最高效的。

蝴蝶鱼

门：脊索动物门

纲：辐鳍鱼纲

目：鲈形目

科：蝴蝶鱼科

种：114

蝴蝶鱼生活在珊瑚礁中，体形扁高，从侧面看近似圆形。它们色彩鲜艳，有些鱼种的后半身有一个类似眼睛的斑点，这是为了逃脱捕食者的追捕。在修长鱼吻的一端生着一张小小的嘴，寻觅着洞穴和裂缝中的无脊椎动物。它们一般为一夫一妻制。

Chaetodon semilarvatus

黄色蝴蝶鱼

体长：23 厘米
体重：无数据
保护状况：无危
分布范围：红海和亚丁湾

黄昏

日落时它们才开始活动，而在日间，它们长时间躲在鹿角珊瑚下。

引人注目

它们身体的中后部有纵向的金色条纹。

在黄色蝴蝶鱼分布的地理区域内，只要有大量的珊瑚，就很容易觅得它们的身影。栖息深度为水下 3~20 米，总是成双成对或结成不超过 20 条的小群体。它们主要以珊瑚为食，也吃少量的海底无脊椎动物。鱼群数量庞大，也很稳定，目前我们尚不了解有什么能威胁它们的生存。然而，由于气候变化，全球的珊瑚礁在不断减少，对珊瑚的依赖性可能会使它们的生存状况变得脆弱。但目前尚无黄色蝴蝶鱼数量减少的记录。

它们的身体呈圆形，侧面较扁。通体鲜艳的黄色极大地吸引了水族养殖者。背鳍和臀鳍的边缘有两条细线。

Chaetodon auriga

扬幡蝴蝶鱼

体长：23 厘米
体重：无数据
保护状况：无危
分布范围：印度洋沿岸和太平洋西海岸

逃脱

扬幡蝴蝶鱼动作迅速，鳍上长满硬棘，是很难捕捉的猎物。

扬幡蝴蝶鱼栖息在各种珊瑚礁和岩石中，有时独居，有时和配偶一起生活，有时群居。扬幡蝴蝶鱼是杂食性鱼类，主要以浮游生物为食。它们的吻部细长，牙齿小且尖，方便它们捕食各种无脊椎动物。它们也可以用长吻搜寻并刮食珊瑚上的藻类。

Chaetodon lunula

月斑蝴蝶鱼

体长：20 厘米
体重：无数据
保护状况：无危
分布范围：印度洋和太平洋沿岸

月斑蝴蝶鱼的体形高耸，侧扁。吻短，吻端长着一张小嘴，牙齿细长。它们必须依赖珊瑚礁和岩石生活，主要分布在珊瑚礁和岩石的边缘以及潟湖中。可以从水面下潜至 30 米深的地方。它们在夜间活动，一般总是成群结队地出现。是杂食性鱼类，既吃裸鳃亚目动物、附着型蠕虫和软体动物等无脊椎动物，也吃海底生物，如珊瑚和藻类。

Pomacentrus pavo

孔雀雀鲷

体长：8.5 厘米
体重：无数据
保护状况：未评估
分布范围：印度洋和太平洋海域

孔雀雀鲷栖居在水温为 25~29 摄氏度之间的热带海域，依靠珊瑚礁为生，生活在封闭的多沙区域或有老珊瑚残骸的区域。可以下潜至 16 米的深度。孔雀雀鲷主要以浮游生物和细丝状的藻类为食。它们形成大大小小的鱼群，常在珊瑚礁周围出没，在八射珊瑚的露头处尤为多见。它们全身覆盖着鳞片，颜色也可从金属绿变成鲜艳的蓝色。它们有一片背鳍，有些孔雀雀鲷的背鳍完全为蓝色，而有些鱼背鳍后半部分则变成黄色。尾鳍为黄色，幼鱼尾鳍的颜色格外鲜艳。

水族爱好者

雀鲷科的鱼特别受到水族爱好者的青睐，经常被捕捞用于贸易。

辨识

在眼睛和脊背后的鱼鳃开口处有一处暗色斑点。

Chrysiptera cyanea

圆尾金翅雀鲷

体长：8.5 厘米
体重：无数据
保护状况：未评估
分布范围：太平洋西部和印度洋东海岸

圆尾金翅雀鲷生活在热带和亚热带多礁石水域中，可下潜至 10 米的深度。主要以水藻、深海被囊类动物和桡足类动物为食。通常由一条雄鱼、几条雌鱼和幼鱼构成一个鱼群。鱼身呈金属蓝色，雌鱼背鳍基部有一处黑色圆点，雄鱼的嘴和尾鳍为亮黄色。

Chrysiptera springeri

斯氏金翅雀鲷

体长：5.5 厘米
体重：无数据
保护状况：未评估
分布范围：太平洋西部海域

斯氏金翅雀鲷生活在热带海域的礁石周边水域，通常与青光鳃鱼成群出没，甚至会共同生活在同一珊瑚丛中。它们通常栖居在沙底鹿角珊瑚的底层。分布在不同地理位置的斯氏金翅雀鲷颜色也各不相同，身上分布着不均匀的亮蓝色和黑色色块。它们的尾鳍非常透明，遇到危险时会完全变黑。

Pomacentrus vaiuli

王子雀鲷

体长：10 厘米
体重：无数据
保护状况：未评估
分布范围：太平洋西部和印度洋东海岸

王子雀鲷通常独自生活，领地意识很强。它们生活在温度为 24~29 摄氏度之间的热带海域，依靠珊瑚礁为生，其中有的是正在生长的珊瑚，有的则是老珊瑚的残骸。王子雀鲷在远离岸边的海域也有分布，能下潜至 45 米的深度。在选择栖息地时比较偏爱鹿角珊瑚。

王子雀鲷是杂食性鱼类，既吃细丝状的水藻，也吃各种小型软体动物。栖息在不同地理位置中的王子雀鲷体色也各不相同，色调从棕褐色到深紫色或深蓝色应有尽有，其中一些王子雀鲷的背部呈黄色。

斑点

在背鳍的末端有一处边缘颜色鲜艳的黑色斑点。

胸鳍

胸鳍的位置很高，一般呈半透明的黄色。

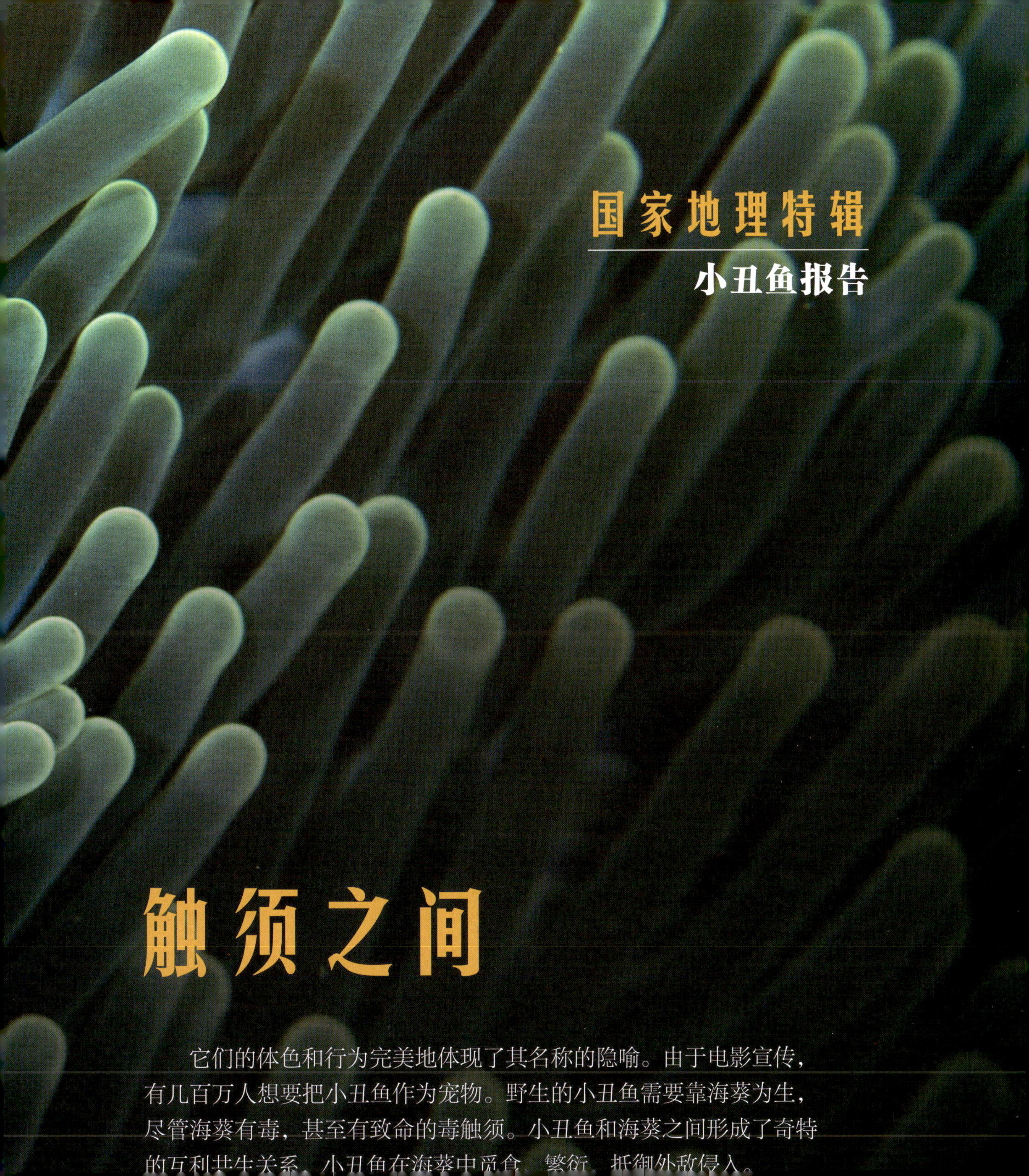

触须之间

它们的体色和行为完美地体现了其名称的隐喻。由于电影宣传，有几百万人想要把小丑鱼作为宠物。野生的小丑鱼需要靠海葵为生，尽管海葵有毒，甚至有致命的毒触须。小丑鱼和海葵之间形成了奇特的互利共生关系，小丑鱼在海葵中觅食、繁衍，抵御外敌侵入。

2003年奥斯卡最佳动画片奖授予了皮克斯公司的《海底总动员》，其主角就是一条被人类捕捞后、关在鱼缸里的小丑鱼。虽然这部电影的初衷是呼吁人们保护小丑鱼和海洋生态环境，但自从这部动画片上映以来，人们开始狂热地购买小丑鱼作为宠物。每年都有几十万条小丑鱼被出售，这种失控的狂热让野生小丑鱼的数量受到了影响。如此深远的影响不仅因为小丑鱼是电影的主角，还因为它们动作灵活、颜色鲜艳。它们因近似夸张的妆容而得名。然而，小丑鱼面临的最大威胁源自不太明显的间接影响：珊瑚礁及其所庇护的海葵的消失。海葵状似植物，实则是一种食肉动物，它们的触手上有致痒和麻痹的毒素，可捉住一切接触它们的动物再用嘴吞食。它们甚至能吞食体形较大的鱼类。它们的酶在细腰部位通过咽门能将大鱼消化。从附近经过的生物，只要不是奄奄一息或心不在焉，都知道要避开海葵。只有小丑鱼热情地照看并保卫海葵。小丑鱼除了帮海葵驱赶蝴蝶鱼和海龟（它们对海葵的毒素免疫，而且会切断海葵触手的端点）外，还会帮海葵清除寄生虫、堆积的废物和死皮，甚至还能作为诱饵帮海葵吸引潜在的猎物。海葵接受了这样的照看和维护，触手顶端自然会释放有毒物质来保护小丑鱼。小丑鱼用种种服务换来了会放毒的海葵的保护。

这种两个不同物种之间的关系被称为共生关系。在大自然这种非同寻常的关系中，一个机体会受益于另一个机体。更不同寻常的是（这种异常的原因鲜有人知），在这种关系中，两个物种会为彼此提供服务，海葵和小丑鱼之间的关系就是非常典型的共生关系。

如果小丑鱼会被海葵刺伤，这种共生关系就不复存在了。但我们仍不清楚，小丑鱼在这种机制中是如何避免被刺伤的。似乎小丑鱼的身体会分泌一种黏性物质，让海葵那稍有摩擦就会释放出麻痹性物质的细胞的作用失效。然而，为了对这种毒素免疫，需要慢慢进行接触，即跳起摩擦之舞，越来越亲近，直至几小时后完全进入触手。

关于血统

雄鱼通常会照看巢穴，里面一般放着1000枚左右的鱼卵：雄鱼用鱼鳍给它们通风、移除废物并驱赶可能的入侵者。

权力关系

生活在海葵上的小丑鱼群的等级制度是由大到小确定的，总有一条雌鱼领导整个鱼群。

小丑鱼通常栖居在安静的浅水洞穴或热带太平洋礁石周边海域，与海葵共生，它们很少离开原生环境，最多只会离开几厘米。稍有不慎，就会被埋伏在珊瑚后的天敌吞入腹中。这种共生关系非常紧密，以致如果初生的小鱼不赶紧找到共生的海葵，几天后就会死亡。为了生活在这狭小的空间内，小丑鱼不得不改变它们的行为习惯，这样才能抵御海洋中各种威胁。这就是为什么小丑鱼有如此森严的等级制度。鱼群中体形最大的是一条雌鱼，体形最大的雄鱼必须臣服于这条雌鱼，鱼群中的其他鱼体形更小，且不具备生育功能。如雌鱼死亡，则体形最大的雄鱼变性为雌鱼，而体形次大的雄鱼则继而具备雄鱼的生育功能。上述等级制度可以更好地利用海葵内的空间：体形小、体质弱的鱼分布在较为暴露的区域。如果体形最大的雄鱼不听话，那么雌鱼会用锋利的鱼鳍用力戳到它听话为止。

《海底总动员》的视角十分宽广，不仅让小丑鱼大受观众们的欢迎，甚至让人们更深刻地认识到海洋生态环境及其功能。海葵和小丑鱼之间的紧密关系还延伸到受威胁的珊瑚礁身上，这就是生态网的典型代表，是我们必须要守护的。

隆头鱼

门：脊索动物门
纲：辐鳍鱼纲
目：鲈形目
科：隆头鱼科
种：500

它们只生活在海洋中，大小、形态和颜色各异。有能前伸的嘴，可以通过刨开沙底捕食小型无脊椎动物，也有属于草食性鱼类的品种，或者以大型鱼类身外的寄生虫为食的品种。在生长过程中，通常会改变性别和颜色。

Cheilinus undulatus

曲纹唇鱼

体长：1 米
体重：150 千克
保护状况：濒危
分布范围：印度洋－太平洋海域和红海海域

曲纹唇鱼是现存最大的隆头鱼。成年的曲纹唇鱼额头上有突起，嘴唇肥厚。雌鱼的体态更为优美，前额光滑，体色也更绿。栖居在陡峭的斜坡外礁周围水域，一般独居或成双成对地生活。它们在海底也有栖息地：日间它们一般在水面附近活动，夜间就在珊瑚洞或突出的洞穴中休息，栖息深度可达 100 米。由于有强有力的嘴和咽齿，它们主要以软体动物、鱼类、海洋刺海胆、甲壳纲动物和其他无脊椎动物为食。由于它们的上颌骨非常灵活，所以曲纹唇鱼的嘴可以大幅度前伸。它们还捕食有毒动物，如海蛞蝓、箱鲀（箱鲀科）和海星。

曲纹唇鱼为雌雄同体鱼类，且雌性先成熟，约 15 岁时，雌鱼会变性为雄鱼。它们采取体外受精的方式，到了产卵期（一般取决于月相和海洋潮汐）就成群聚集在外礁区。它们的寿命可达 30 年。

保护状况

捕捞和栖息环境的改变使曲纹唇鱼处于危险的境地。由于它们很难在人工环境下产卵，所以人们一般捕捞不具备繁殖功能的幼鱼，出售给世界各地的水族爱好者。

颜色

成年雄鱼的色调一般偏蓝，而幼鱼的体色则偏绿。

Cheilinus fasciatus

横带唇鱼

体长：40 厘米
体重：无数据
保护状况：无危
分布范围：红海和印度洋－太平洋海域

横带唇鱼栖居在潟湖和海洋珊瑚礁周边水域，栖息地一般既有珊瑚又有沙子。它们不停地游动，用灵活的双眼搜寻猎物。主要以有硬壳的无脊椎动物为食，如软体动物、甲壳纲动物和海底刺海胆等。它们的领地意识很强，有时是为了与同类或其他鱼类争夺食物，有时是为了自我保护。虽然它们体形娇小、颜色鲜艳，但维护领地的特性使其不适合生活在水族箱内，这也使它们免于被水族爱好者买卖。

Xyrichtys splendens

闪光连鳍唇鱼

体长：17 厘米
体重：无数据
保护状况：无危
分布范围：大西洋西部和加勒比海（从百慕大群岛和美国南部至巴西）

闪光连鳍唇鱼体形较扁，鱼吻细长，它们的解剖学特征可使其快速进入沙堆或逃离危险。雄鱼为绿色，每片鳞片上均有一道蓝线，身体两侧各有一个黑色斑点。雌鱼和幼鱼则为橙色。栖居在温暖水域，在长满水藻的礁石浅滩中尤为常见。

Bodianus diplotaenia

带纹普提鱼

体长：75 厘米
体重：9 千克
保护状况：无危
分布范围：太平洋（从加利福尼亚湾至智利湾）

带纹普提鱼通常在浅水珊瑚礁周围活动，但也可下潜至 76 米的深度。栖居在多岩石或多珊瑚的水域。它们一般独居，但有时也会形成小鱼群。与其他隆头鱼一样，它们只在白天活动，晚上则在岩石的缝隙或槽沟里睡觉。一些带纹普提鱼在睡觉时会分泌黏性物质，像茧一样将自己包裹起来。它们身体侧扁，头大嘴尖。上下颚中都有向内弯曲的尖齿。它们主要以硬壳动物、甲壳纲动物、软体动物、刺海胆和小型鱼类为食。在第一对鳃弓中形成了“筛子”，可以过滤较硬的食物残渣；这样较硬的残渣无法经过鱼鳃，它们也就不会因此受到伤害。一些幼鱼会成为大鱼的寄生清洁者。

雌鱼

一般身体呈现红色，有一道黄色的竖条纹。

Bodianus rufus

红普提鱼

体长：40 厘米
体重：1 千克
保护状况：无危
分布范围：大西洋西部和加勒比海（从百慕大群岛和美国南部至巴西）

红普提鱼栖居在光线较好的浅水礁石或珊瑚礁周围。它们的前额、身体上部背鳍以前的区域呈蓝色。幼鱼一般以大鱼身上的外部寄生虫为食，成鱼则以海星、甲壳纲动物、软体动物和刺海胆为食。一个鱼群一般由一条雄鱼和多条雌鱼构成。

Achoerodus gouldii

古氏蓝唇鱼

体长：175 厘米
体重：140 千克
保护状况：易危
分布范围：澳大利亚以南的印度洋海域

古氏蓝唇鱼栖居在大陆架多礁石的水域中，以小螃蟹、鱼类、软体动物和海星为食。它们是雌雄同体生物，且雌性先成熟：雌鱼 17 岁时达到性成熟，此时体长约为 65 厘米，35 岁时开始变性，此时体长约为 80 厘米，变性的同时体色也会改变。它们一般在冬季产卵。由于商业捕捞和游钓，原先数量充足的雄鱼如今也面临着灭绝的危险。在过去 30 年中，古氏蓝唇鱼的数量下降了 30%。

Choerodon fasciatus

横带猪齿鱼

体长：30 厘米
体重：140 克
保护状况：无危
分布范围：太平洋西部海域

横带猪齿鱼栖居在珊瑚礁周围。幼鱼生活在陡峭的珊瑚壁上。它们很注重捍卫自己的领地，栖息范围自水面至 35 米深处。它们在有光时活动：咬食珊瑚或在水底游动着觅食，夜间则在礁石洞穴中休息。横带猪齿鱼通常实行一夫一妻制，有时一条雄鱼也会与多条雌鱼同时出现，但每次只会带着一条雌鱼围着珊瑚礁绕圈。

人们捕捞横带猪齿鱼是为了出售给水族爱好者，这可能会使某些区域的横带猪齿鱼面临生存危机。

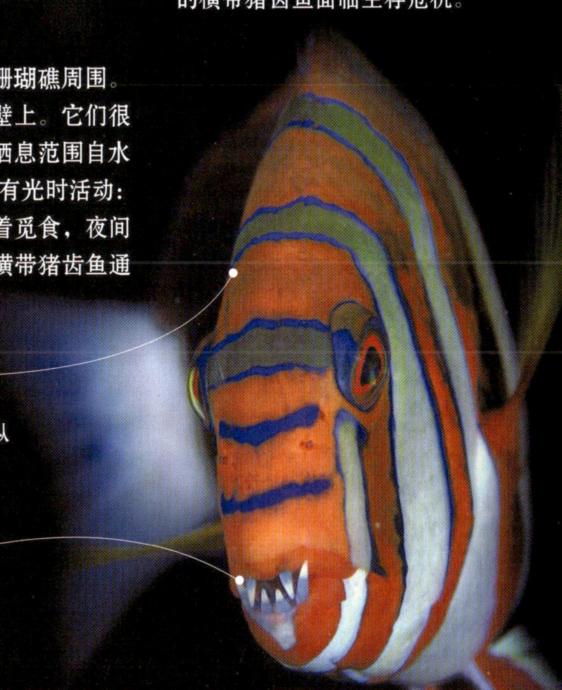

身上的条纹

它们身上有7~8 条红色、蓝色、白色和黑色的纵向条纹。

尖牙

它们的俗名来源于上颌中蓝色的牙齿。

Halichoeres hortulanus

方斑海猪鱼

体长：27 厘米
体重：160 克
保护状况：无危
分布范围：印度洋－太平洋海域和红海海域

方斑海猪鱼幼鱼呈拟态色，凭借其白色、橙色的条纹和黄色的尾巴，可混迹于多珊瑚和沙子的海底。它们的背鳍上通常有斑点。幼鱼慢慢改变颜色，逐渐与成鱼的体态接近。栖居在潟湖和海洋礁石沙地或礁石坡面附近，可从水面下潜至 30 米的深处。幼鱼藏身于洞穴中。主要以硬壳动物、软体动物、甲壳纲动物和刺海胆为食。

它们用上下颌的犬齿刨出猎物，再用咽齿压碎双壳动物的壳，然后享用美味的肉。

成鱼
有一两个黄色的“鞍背”，有的上面还有蓝色斑点。

面部
有黄色和绿松石色的横向条纹，从面部的边缘处延伸至鳃盖骨。

Labrus mixtus

红纹隆头鱼

体长：40 厘米
体重：210 克
保护状况：无危
分布范围：大西洋东部和地中海海域

红纹隆头鱼生活在岸边多水草的岩石底水域，成年鱼栖息深度为 50 米。雌鱼的体形相对较小，且呈纺锤形，颜色为浅棕色而偏红。当雌鱼长到约 7 个月时就会变性。雄鱼身上会出现蓝绿色的横向波浪形条纹，从头延伸至尾。雄鱼会在水藻间筑巢，吸引伴侣前来交配。雌鱼则会在这里产下约 1000 枚鱼卵。它们以甲壳纲动物、鱼、软体动物和蠕虫为食。

Iniistius pavo

孔雀颈鳍鱼

体长：40 厘米
体重：160 克
保护状况：无危
分布范围：大西洋西部海域

孔雀颈鳍鱼身形高耸，侧扁，口吻轮廓在眼下方呈陡直状。它们的嘴很小，在颚的前方有一对长而锐利的尖齿。它们身体呈白色、浅灰色或黄色，有 4 条深色纵向条纹，在胸鳍上方还有一处黑色斑点。生活在多沙的海底，方便它们藏匿在沙子中。以软体动物、虾和螃蟹为食。

Stethojulis bandanensis

黑星紫胸鱼

体长：40 厘米
体重：170 克
保护状况：无危
分布范围：印度洋－太平洋海域

黑星紫胸鱼栖居在潟湖或 30 米深的礁石附近海域。胸鳍上方有一处显眼的红点，只有雄鱼身上有一道绿松石色的线条，横向穿过整个身体。雌鱼全身呈蓝灰色，两侧和上半身有白色斑点。它们以浮游的甲壳纲动物和海底无脊椎动物为食。

Macropharyngodon geoffroy

杰弗罗大咽齿鲷

体长：15 厘米
体重：100 克
保护状况：无危
分布范围：太平洋海域

杰弗罗大咽齿鲷通体呈橙色，布满蓝色小斑点。臀鳍和背鳍均很长，几乎能延伸至尾基部。幼鱼的外形很像刺海胆，背鳍和臀鳍的末端有斑点，让捕食者无法区分其头尾。栖居在沙质海底的礁石附近。

Novaculichthys taeniourus

花尾美鳍鱼

体长：30 厘米
体重：190 克
保护状况：无危
分布范围：印度洋－太平洋海域和红海海域

不同的鱼群

生活在夏威夷海岸的幼鱼通常为绿色；在太平洋西部的幼鱼色调则偏棕。

花尾美鳍鱼身体侧扁，头呈楔形，终结于一点。它们用尖头刨开海底的沙，抵御潜在的危险，以便在夜间安然入眠。它们身上几乎没有鱼鳞，只有鱼鳃基部上方有两片大鳞，两眼后方也各有一排小鳞。它们生活在 14~36 米深的热带珊瑚礁水域，总是依赖多沙海底、礁石、绿色区域为生。幼鱼一般生活在岩石或海藻之间，利用拟态保护自己，甚至能模仿一片随波逐流的枯叶或水藻。成鱼的领地意识很强，尤其是在交配期。它们以海底的动物（有的一半埋在海底）为食：软体动物、棘皮动物、多毛虫和螃蟹。为了找到这些猎物，花尾美鳍鱼不得不挪开石块和珊瑚碎片。有时它们会聚成小群体，其中一条负责监视猎物，其他伙伴则快速将其吃掉。

Oxycheilinus digrammus

双线尖唇鱼

体长：40 厘米
体重：200 克
保护状况：无危
分布范围：印度洋－太平洋海域和红海海域

双线尖唇鱼栖居在受保护的珊瑚礁潟湖，那里长满珊瑚和水草，深度在 3~50 米之间。幼鱼一般依赖软珊瑚或腔肠动物为生，这些动物能保证它们安全。以硬壳软体动物、甲壳纲动物和刺海胆为食。它们通常与大型海绯鲤一起行动，甚至连颜色也变得与之接近，直到潜伏至猎物附近再一举拿下。它们的领地意识很强，很注意防范同类或可能会与它们争夺食物的其他物种。

Thalassoma bifasciatum

双带锦鱼

体长：25 厘米
体重：120 克
保护状况：无危
分布范围：大西洋西部和加勒比海海域

双带锦鱼的体色会经历 3 个变化阶段：幼鱼期身体呈白色，两侧和背部各有一道黑色的纵向条纹。在成鱼的第一阶段为雌性，身体为黄色，腹部为白色。随后变性为雄性，头部为蓝色，身体中央有两道黑色条纹和一道白色条纹，腹部呈蓝绿色。当鱼群中的雄鱼死亡，则体形最大的雌鱼会改变体色并增长 8 厘米变为雄性。

Semicossyphus pulcher

美丽突额隆头鱼

体长：90 厘米
体重：16 千克
保护状况：易危
分布范围：太平洋东部海域

美丽突额隆头鱼栖居在长满海藻的礁石周围，最多可下潜至 100 米深。它们一般只在自己的领地活动，并且会激烈地对抗潜在的竞争者。美丽突额隆头鱼主要用前牙捕食带硬壳的猎物，如贻贝、螃蟹、龙虾和刺海胆，它们的存在对于调整这些生物的分布密度至关重要。到了夏季，雌鱼会产下 5000 枚鱼卵漂浮在海洋中。和大多数隆头鱼一样，它们达到性成熟时为雌性，死亡时为雄性。随着分布不同，性成熟和变性的年龄也各不相同。

鹦嘴鱼

门：脊索动物门

纲：辐鳍鱼纲

目：鲈形目

科：鹦嘴鱼科

种：83

鹦嘴鱼的一排小牙使它们的嘴与鹦鹉的喙极为相像，因而得名鹦嘴鱼。它们生活在大西洋、印度洋和太平洋的珊瑚礁中，以附着在岩石或死珊瑚上的水底海藻为食。鹦嘴鱼在生命过程中会变性，可据此将其一生划分为初始阶段和最终阶段。

Scarus schlegeli

史氏鹦哥鱼

体长：30~40 厘米
体重：无数据
保护状况：无危
分布范围：太平洋西部海域

史氏鹦哥鱼栖居在有很多活珊瑚生长的礁石周边水域或潟湖中，以水藻为食。幼鱼可能会与其他鱼类形成鱼群，雌鱼也会成群结队地觅食，而雄鱼则有很强的领地意识，喜欢独来独往。雌鱼的颜色并不引人注目，有5~6条纵向条纹贯穿全身；雄鱼的暗蓝体色则非常显眼，侧面有一道黄色的条纹。在生命的第一阶段，史氏鹦哥鱼的嘴吻周围会出现深绿色斑点，这将一直持续至死亡。它们有 9 根背棘和 10 根软鳍条，鳞片很大，嘴唇一般能盖住齿斑。史氏鹦哥鱼在初始阶段还没有尖齿，处于最终阶段的雄鱼上颚有 1 颗尖齿，下颚则有 2 颗。它们一般生活在 22~28 摄氏度的水中。

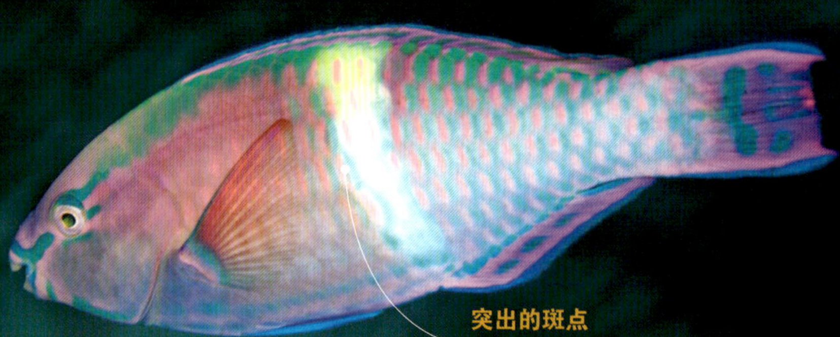

突出的斑点
斑点呈黄色，仅在雄鱼身上出现。

Scarus prasiognathos

绿颌鹦嘴鱼

体长：70 厘米
体重：无数据
保护状况：无危
分布范围：马尔代夫、巴布亚新几内亚、菲律宾和帕劳

绿颌鹦嘴鱼的身体和胸鳍为灰色或棕色，尾巴、背鳍和臀鳍则为天蓝色，且带有黄色条纹。头的上半部分为黄色，下半部分为蓝色，嘴周有黄色斑点。在其生长发育过程中，体色会发生显著变化。在幼鱼阶段，绿颌鹦嘴鱼的颜色与同属的高翅鹦嘴鱼类似。绿颌鹦嘴鱼的鳞片很大，有 9 根背棘和 10 根软鳍条。栖居在珊瑚礁边缘，一般无法下潜至 15 米以下深度。通常由 100 多条个体组成鱼群活动。实行一夫多妻制，雄鱼负责筑巢。

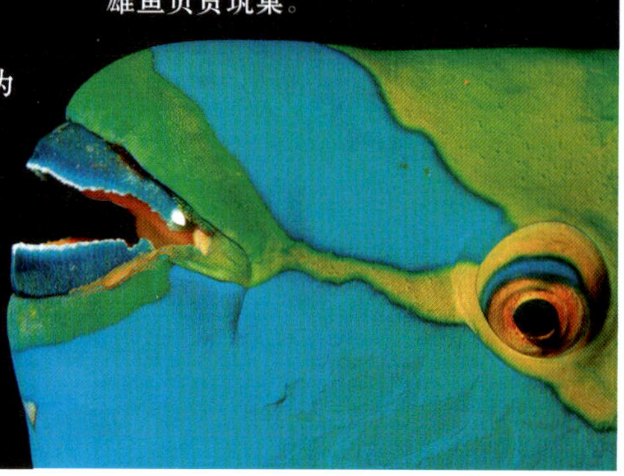

Calotomus japonicus

圆尾绚鹦嘴鱼

体长：39 厘米
体重：无数据
保护状况：无危
分布范围：日本沿岸及附近大陆

与同属的其他鱼类一样，圆尾绚鹦嘴鱼也是凭借其比较暗淡的体色与其他鹦嘴鱼区分开来的。它们在海藻之间生活，但也能栖息在珊瑚礁周边。圆尾绚鹦嘴鱼是食藻类动物，一般生活在水温 22~26 摄氏度之间的亚热带海域中。它们通身呈棕红色，黄色的虹膜显得格外惹眼。不像其他鹦嘴鱼那样会改变臀鳍的形态，圆尾绚鹦嘴鱼的臀鳍终身为圆形。

Bolbometopon muricatum

隆头鹦哥鱼

体长：1.30 米
体重：46 千克
保护状况：易危
分布范围：红海和太平洋东部海域

隆头鹦哥鱼几乎通体有鳞片覆盖，只有前额部分除外。身体的颜色会从浅绿色变为粉红色。在第一阶段，它们的体色呈暗灰色，有零星的白色斑点，然后渐渐变成深绿色。成鱼的前额突出，个头很大。牙板外露，只有部分能被嘴唇遮住。它们的生长速度很慢，所以寿命可长达 40 年。喜群居，经常会 50 多条聚成一群，生活在珊瑚礁潟湖中或周边水域。它们会选择在海角周围或河口产卵，鱼卵聚成一群在深海浮游。它们常在水面附近活动，但也可下潜至 30 米的深处。主要以海底水藻和活珊瑚为食。据估计，一条成鱼一年能消化 5 吨左右珊瑚结构的碳酸盐，从而形成生物侵蚀。

前额隆起

隆头鹦哥鱼通常用隆起的前额撞击珊瑚，方便捕食。

Sparisoma viride

绿鹦鲷

体长：30~45 厘米
体重：1.6 千克
保护状况：无危
分布范围：大西洋西部海域

绿鹦鲷栖居在 16 米深的珊瑚礁周边水域。它们从幼鱼期起会经历巨大的变化，一开始颜色偏红，但到最终阶段会变成天蓝色。幼鱼的性别可雌可雄，但在最终阶段只能为雄性。到了最终阶段，它们的胸鳍上会有一处显眼的绿色斑点，因此得名绿鹦鲷。绿鹦鲷全身被圆形鳞片覆盖，长长的胸鳍非常有助于活动。

Hipposcarus harid

长吻马鹦嘴鱼

体长：35~75 厘米
体重：2.3 千克
保护状况：无危
分布范围：印度洋、红海、马达加斯加、爪哇、印度尼西亚

长吻马鹦嘴鱼依赖珊瑚礁为生，从水面至水深 25 米处均有分布，有的也栖居在海藻间和礁平原上。它们体态修长，因此得名长吻马鹦嘴鱼。以海底水藻为食，人们通常用渔网和其他方法捕捞它们。长吻马鹦嘴鱼可食用。

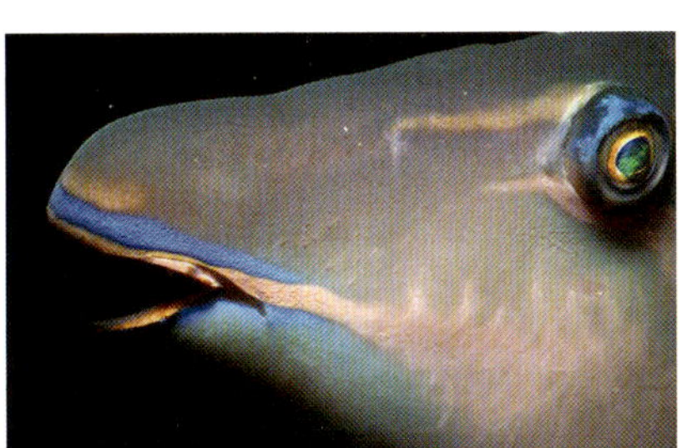

Cetoscarus bicolor

青鹦哥鱼

体长：80~90 厘米
体重：无数据
保护状况：无危
分布范围：太平洋（从红海至波利尼西亚）

作为观赏鱼

它们是3 种最受水族爱好者青睐的鹦嘴鱼之一，但青鹦哥鱼的体形和饮食习惯使其很难适应水族箱的环境。

在幼鱼阶段，青鹦哥鱼的身体呈白色，而头部为橙色。到了成年期的初始阶段，雄鱼、雌鱼全身体色单调。在最终阶段，可能为雌性，也可能为雄性。处于生育期的雄鱼颜色非常鲜艳，这样才能吸引雌鱼。它们的鳞片为绿色，上面布满了粉红色的斑点，头部也是一样。幼鱼通常喜独居，并在珊瑚或茂密的植被中寻找藏身之处。夜间，它们自己构建一个茧形气泡，并在里面睡觉。青鹦哥鱼的天敌能通过气味找到它们，因此青鹦哥鱼的数量在不断减少。它们以生长在珊瑚上或珊瑚周围的水藻为食，能用牙齿“侵蚀”珊瑚礁，一条鱼一年能产生 1000 千克沙子。

䲢鱼

门：脊索动物门

纲：辐鳍鱼纲

目：鲈形目

科：2

种：96

䲢鱼分为两个科，一科为瞻星鱼科，口大，口中有类似小蠕虫的“诱饵”。身上有含毒的棘，其中一些可放电。另一科为望星鱼科，嘴唇及鳃盖骨后边缘有毛边。这两科的鱼类均有拟态特征，可埋伏在海底暗中监视猎物。

Uranoscopus sulphureus

萨尔弗䲢

体长：45 厘米
体重：无数据
保护状况：未评估
分布范围：印度洋－太平洋海域

萨尔弗䲢栖居在平原礁和沿岸海底附近水域。它们身上遍布着黑色斑点。头大口大，唇边有倾斜的“条纹”。它们身上有两根有毒的大硬棘，基部有保护腺可保护自己不受毒素伤害。保护腺位于鳃盖骨和胸鳍之间。眼睛位于头顶。口中有一些结构可以很大程度上避免呼吸时沙子进入。它们在海底产卵，但鱼卵随后会上浮，孵化成鱼苗后在海底浮游。

Uranoscopus bicinctus

双斑䲢

体长：20 厘米
体重：无数据
保护状况：未评估
分布范围：印度洋和大西洋海域

双斑䲢生活在 100 米深的热带海底珊瑚礁周围。头大、眼大、口大，且口朝向上方。身体的一半藏在沙子中，暗中监视猎物，并用下颚中类似蠕虫的诱饵吸引猎物。猎物一旦靠近，就将其吸入，但同时也会吸入沙子和其他物质。下颚处有一个呼吸阀，带有橙色的粗触须。双斑䲢身上有 4~5 根硬棘，13~14 根软鳍条和 13 根臀棘。它们的身体呈深棕色，有 3 条非常显眼的黑色宽条纹。印度尼西亚的变种通体苍白，有深色的斑点。双斑䲢的商业价值不高，但也会出现在水族箱里。

Astroscopus y-graecum

大西洋星䲢

体长：40 厘米
体重：无数据
保护状况：未评估
分布范围：中美洲东部海域

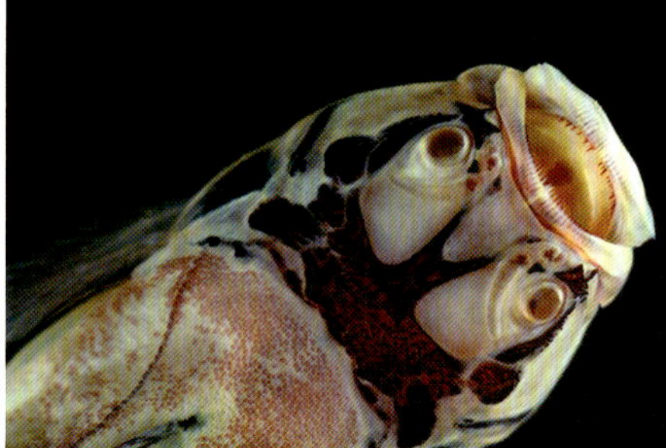

大西洋星䲢栖居在不超过 100 米深的多石多沙的海底珊瑚礁附近。它们有一种器官能放出 50 伏特的电，具体的放电量取决于水温：在 35 摄氏度的水中可放出 500 赫兹，在 15 摄氏度点水中则只能放出 50 赫兹。它们还有一根棘与毒腺相连，可用来防御捕食者。身体呈棕色，后半身和头部遍布着白色斑点。尾巴上有 3 条深色的水平线。其胸鳍可帮助它们快速钻进海底。

Platygillellus altivelis

高扁指䲢

体长：4~5 厘米
体重：无数据
保护状况：未评估
分布范围：哥斯达黎加和巴拿马

高扁指䲢是一种栖居在多沙海底或软质礁石海底附近的深海鱼类，栖息深度可达 40 米。高扁指䲢是一种肉食性动物，它们吃带骨鱼、甲壳纲动物和海底蠕虫，尤其喜食虾、螃蟹、腹足动物和双壳动物。它们身形修长，通体为浅色，4 条深色的条纹显得格外显眼。

鳄冰鱼

门：脊索动物门
纲：辐鳍鱼纲
目：鲈形目
科：鳄冰鱼科
种：17

鳄冰鱼分布在南极和南美洲南部。它们细长的吻向前突出，口并未前突，但口中有锋利的牙齿。背鳍中有硬棘，胸鳍很长。它们缺乏运送氧气的红细胞，所以生活在氧气充足的地区。它们会进行大量的血液循环，此外还能通过皮肤呼吸。

Chaenocephalus aceratus

头带冰鱼

体长：65~75 厘米
体重：无数据
保护状况：无危
分布范围：南极洲沿海

“白色的血液”
和同科的其他品种一样，由于缺少红细胞，人们认为它们的血液是白色的。

进化
由于生活在南极冰冷的水中，它们必须适应极端的环境。

头带冰鱼是鳄冰鱼科最大的物种，也是南极体形最大的鱼类之一。它们的头很大，牙齿有力。栖居在冰冷的水域中，所以新陈代谢率很低。它们的鳃已经适应了环境，可提供较大的面积进行氧气交换。它们的皮肤中布满血管，却没有鳞片覆盖，也是为了便于气体交换，这样就可以弥补用于运送氧气的血红蛋白的不足。头带冰鱼的心脏很大，血管也又粗又长，这些解剖学特征都可以让其心脏每分钟供应更多的血液，使其组织具备充足的氧气。它们可在 770 米深的海域游动着觅食，它们的食物以其他鱼类和南极虾为主。

Champsocephalus esox

鳄头冰鱼

体长：35 厘米
体重：无数据
保护状况：未评估
分布范围：巴塔哥尼亚南部、马尔维纳斯群岛、麦哲伦海峡，有时在乔治亚群岛亦有分布

鳄头冰鱼栖息深度为水下 50~250 米。它们体态修长，身体呈棕色，身上有不规则的斑点。吻和牙齿均向前突出。除侧边线外，身上几乎没有鳞片。

Chaenodraco wilsoni

威氏棘冰鱼

体长：43 厘米
体重：无数据
保护状况：未评估
分布范围：南极及附近海域

威氏棘冰鱼身体呈浅灰色，身上有几道深色的纵向条纹。吻修长，以其他鱼类和南极磷虾为食，企鹅和海豹是它们的天敌。在冬季产卵。

Pseudochaenichthys georgianus

南乔治亚拟冰鱼

体长：50~60 厘米
体重：2 千克
保护状况：未评估
分布范围：南极半岛及斯科舍海群岛北部

南乔治亚拟冰鱼栖居在 475 米深的极地水域中。夏季主要捕食南极磷虾。自 1990 年以来，人们就禁止捕捞南乔治亚拟冰鱼。

蓝子鱼

门：脊索动物门
纲：辐鳍鱼纲
目：鲈形目
科：蓝子鱼科
种：25

蓝子鱼的嘴与兔子相似，因此俗称“兔子鱼”。它们有一对深色的大眼睛，体态修长，呈椭圆形，体色鲜艳、色彩斑斓。它们的背鳍一般有毒。蓝子鱼在日间活动，有些物种喜群居，而有些喜独居。主要以海底水藻为食。人们捕捞蓝子鱼一般是食用，也有些是用于观赏。

Siganus unimaculatus

单斑蓝子鱼

体长：20 厘米
体重：无数据
保护状况：未评估
分布范围：太平洋西部海域

单斑蓝子鱼生活在水温 26~28 摄氏度的珊瑚礁周围，一般下潜深度不会超过 30 米。头部侧面下凹，黑白相间，身体的其他部分则呈黄色，有黑色斑点分布其间。每一条鱼的黑色斑点位置各不相同，这也可用于区分个体。单斑蓝子鱼的体态修长，且呈椭圆形，这一特征使其在逃脱捕食者时可以钻入岩石间的狭窄空间。成鱼一般成双成对出现，而幼鱼则会形成鱼群，有时一个鱼群可多达上百条个体。单斑蓝子鱼背部有 13 根有毒的鳍棘和 10 根软鳍条。主要以藻类为食，并在开放的水域中产卵。单斑蓝子鱼很受水族爱好者青睐。

黑色斑点
可凭借黑色斑点将单斑蓝子鱼与其他近似物种区分开来。

兔嘴
单斑蓝子鱼的侧面凹陷、鱼吻修长，在同类中很具代表性。

Siganus guttatus

点蓝子鱼

体长：42 厘米
体重：无数据
保护状况：未评估
分布范围：印度洋东部和太平洋西部海域

点蓝子鱼的身体呈棕色，有橙色斑点。臀鳍基部附近有一处鲜艳的黄色斑点。栖居在热带丛林中的混浊水域和河口处，会与其他鱼类组成 10~15 条鱼规模的鱼群。

Siganus vulpinus

狐蓝子鱼

体长：20~23 厘米
体重：无数据
保护状况：未评估
分布范围：太平洋西部海域

狐蓝子鱼生活在深度不超过 30 米的珊瑚礁周围。日间，它们的头部和前半身会出现黑白相间的条纹，而其余部分为黄色；夜间，它们通身变成暗棕色，以便伪装自己，逃避捕食者。其鱼鳍有毒。

Siganus corallinus

凹吻蓝子鱼

体长：20~35 厘米
体重：无数据
保护状况：未评估
分布范围：太平洋西部海域

凹吻蓝子鱼生活在珊瑚礁潟湖中，栖息深度 3~30 米，偏爱 24~27 摄氏度的水温，以海底水藻为食。全身呈黄色，遍布着蓝色的小斑点。鱼鳍中有带毒带刺的硬棘。

准雀鲷鱼

门：脊索动物门

纲：辐鳍鱼纲

目：鲈形目

科：准雀鲷科

种：98

准雀鲷鱼的颜色鲜艳，其中大多数体长不超过12厘米。栖居在热带海域珊瑚礁和岩层周围。喜独居，有时也会成双成对出现，但从不成群活动。准雀鲷鱼中有一些物种，如果两只同性被关在一起，其中一只会变性。

Pseudochromis steenei
史氏拟雀鲷

体长：12厘米
体重：无数据
保护状况：未评估
分布范围：印度尼西亚和澳大利亚北部沿海

史氏拟雀鲷雄鱼的主要色调为橙红色，眼后有一道白色条纹，胸鳍和臀鳍边缘颜色较暗。雌鱼为浅蓝而偏黑。它们生活在较为平缓的珊瑚礁附近，一般独居或成对生活。

Blennodesmus scapularis
眼斑带鳗鳚

体长：8~9厘米
体重：无数据
保护状况：无危
分布范围：澳大利亚北海岸和太平洋西海岸

眼斑带鳗鳚的体态修长，形似欧洲鳗鲡，栖居在珊瑚礁潟湖或潮间带，一般不会出现在深度大于3~5米的水域。以小型甲壳纲动物为食。它们的鳃膜与腹部相连，“肩膀”处有一个黑色的小斑点，约与眼睛同样大小。

Pseudochromis fridmani
弗氏拟雀鲷

体长：6厘米
体重：无数据
保护状况：未评估
分布范围：印度洋西部和红海海域

弗氏拟雀鲷栖居在热带海域珊瑚礁附近，最深可达60米，但一般不会超过35米。

弗氏拟雀鲷一旦发现捕食者靠近，会立即躲进岩石或珊瑚之间的缝隙中。一般喜独居，且具有领地意识。身形修长，呈深紫色。它们是肉食动物，以虾和浮游动物为食。由于外形优雅，从而备受水族爱好者青睐，此外它们也能在人工环境中繁殖。在水族箱中它们一般吃水族爱好者喂投的食物，如间带螳螂虾。

会变化的面孔
有些弗氏拟雀鲷的脸上有一道黑线，从口延伸至眼睛处。

只在自然中
尽管有水族爱好者的悉心呵护，但在水族箱中，弗氏拟雀鲷的鱼鳍不会呈现在野生环境中的那种紫色。

Oxycercichthys veliferus
维拉尖角雀鲷

体长：12厘米
体重：无数据
保护状况：未评估
分布范围：太平洋（澳大利亚东部）海域

维拉尖角雀鲷栖居在12~35米深的多岩石区域或多沙海底的珊瑚礁水域。成鱼的身体呈浅灰色而偏黄，上半身为蓝色，在背鳍前有一处深蓝色斑点。它们通常成对生活，喜食小虾。

难以分辨
维拉尖角雀鲷不存在性别二态性，从外观难以分辨雄鱼和雌鱼。

长尾
维拉尖角雀鲷尾巴呈披针形（类似长矛的铁头处）。

旗鱼和剑鱼

门：脊索动物门
纲：辐鳍鱼纲
目：鲈形目
科：2
种：12

旗鱼科的鱼因其长长的背鳍形状被称为旗鱼。剑鱼科下只有一个鱼种，统称为剑鱼。旗鱼和剑鱼均分布在热带和亚热带水域中。它们的上颌及吻部的骨头发育充分，形成了又尖又长的吻部。

Istiophorus albicans

大西洋旗鱼

体长：2.4~3.15 米
体重：58.1 千克
保护状况：未评估
分布范围：大西洋和加勒比海及地中海海域

大西洋旗鱼偏爱 10~20 米深的温热水层，即温跃层以上，它们的多数食物分布在这里。它们体态修长，一般雌鱼的体形要大于雄鱼。大西洋旗鱼是贪婪的捕食者，善于投机取巧，会追捕小型水底鱼群，如沙丁鱼、欧洲鳀和鲭鱼等。此外它们还吃甲壳纲动物、章鱼和鱿鱼。通常 3~30 条形成一个群体，向海岸迁徙，随后在较浅的岩边水域产卵。大西洋西部的大西洋旗鱼在夏季产卵，而大西洋东部的大西洋旗鱼则可在全年任何时间产卵，夏季是产卵高峰。在发情期，雄鱼会陪伴雌鱼迁徙至岸边，并在它们周围巡游，长长的背鳍露出水面。雌鱼产下 450~480 万枚鱼卵，由雄鱼负责孵化，小鱼约在 36 小时后破卵而出。初生的鱼苗约为 3 毫米长，当长到 6 毫米时就开始发育出长长的颚。

Istiophorus platypterus

平鳍旗鱼

体长：2.7~3.4 米
体重：100 千克
保护状况：未评估
分布范围：印度洋和太平洋海域

尽管大多数平鳍旗鱼栖居在热带和温带的印度洋、太平洋水域，但也有一部分通过苏伊士运河从红海进入地中海。

平鳍旗鱼为远洋洄游性鱼类，且迁徙性很强，在繁殖期会游很长的距离，只为找一个合适的产卵地点。夏季，雌鱼一旦受孕，就会在雄鱼的陪伴下找到产卵地点，产下上百万枚鱼卵。鱼苗的平均长度为 2.5 毫米。在生命的第一年，幼鱼快速地生长并与同类鱼形成鱼群进行迁徙，以避免被捕食。当幼鱼长至 5 厘米时，就基本具备了成鱼的形态。它们一般独自觅食，但偶尔也成群结队地合作捕食鱼类、头足纲动物和甲壳纲动物。

Makaira nigricans

大西洋蓝枪鱼

体长：2.5~5 米
体重：153~820 千克
保护状况：未评估
分布范围：大西洋海域

大西洋蓝枪鱼栖居在温暖的热带水域，尤其偏爱蓝色海洋。雄鱼的体形比雌鱼小。它们在日间活动，喜独居，具有攻击性。夏季它们向厄瓜多尔迁徙，而冬季则游向极地。它们要么埋伏在水面附近捕食小鱼，要么潜入水中捕食章鱼和鱿鱼等头足纲动物。雌鱼在冬季和夏季会产四次卵。

Tetrapturus audax

条纹四鳍旗鱼

体长：2.9~4.2 米
体重：160~440 千克
保护状况：未评估
分布范围：印度洋 - 太平洋海域

条纹四鳍旗鱼是旗鱼科中占统治地位的鱼种，分布十分广泛。它们一般生活在温带和热带温跃层以上水域中，从水面附近至 290 米深处均有分布。

条纹四鳍旗鱼的特征为侧面有 15 道钴色点状纵向条纹。它们为远洋洄游性鱼类，喜独居，只有在产卵期才会聚成小群体，在各个地区都是夏季产卵。它们会在产卵和觅食时进行周期性迁徙，距离可在 100 千米以上。条纹四鳍旗鱼通过鱼吻的剧烈运动来捕食猎物，以多种海洋动物为食，如带骨鱼、章鱼、乌贼和鱿鱼及浮游甲壳纲动物。

Xiphias gladius

剑鱼

体长：3~4.5 米
体重：540~650 千克
保护状况：数据不足
分布范围：大西洋、印度洋、太平洋、黑海、马尔马拉海和地中海海域

剑鱼为剑鱼科唯一存活的代表性鱼类。它们视力极佳，视野开阔。雌鱼不仅体形比雄鱼大，寿命也比雄鱼长。它们既没有牙齿，也没有鳞片。

剑鱼为追寻猎物也进行大规模的迁徙。春季，它们迁徙至温带和寒带水域，秋季再游回 18~22 摄氏度之间的温暖的热带水域。它们顺着洋流运动，以减少能量消耗。剑鱼是一种凶猛的捕食者，从水面到海底的各种鱼类、甲壳纲动物和头足纲动物都是它们的猎物。

剑鱼全年都可在赤道周围温热的水域中产卵，雌鱼产下几百万枚鱼卵由雄鱼孵化。小鱼卵（1.6~1.8 毫米）浮游在深海中。

Makaira mazara

蓝枪鱼

体长：3.5~5 米
体重：170~906 千克
保护状况：未评估
分布范围：印度洋和太平洋海域

蓝枪鱼是旗鱼科鱼类在热带分布最多的品种，其栖息地仅限于 24 摄氏度等温线以上的水域，且可下潜至 200 米深，一般栖居在远离海岸的开放水域中。

蓝枪鱼背鳍的高度小于身体的宽度，胸鳍并不僵硬，必要时可向身体回缩来减少水的阻力。蓝枪鱼会不断地进行迁徙。

Istiophorus platypterus

平鳍旗鱼

体长：2.7~3.48 米
体重：100 千克
保护状况：未评估
分布范围：太平洋和印度洋海域

速度

由于平鳍旗鱼具有巨大的背鳍，所以它们是速度最快的鱼类之一。

特征

该平鳍旗鱼的身体长而侧扁，背部为蓝色带深色斑点，腹部为银色。身体两侧均分布有纵向条纹，条纹上布满天蓝色小点。雌鱼的体形比雄鱼大。它们上颚的大小是下颚的两倍，长吻的顶端形如长刀，因此特别突出。

繁殖

雌鱼同一条或多条雄鱼一起游向较浅的水域并在岸边产卵，游动时背鳍露出水面。体形较大的雌鱼可产 400 多万枚鱼卵，且全年均可产卵。鱼苗没有父母的看护，不到一年就能长到 1 米长，之后会放慢生长速度。

优雅与灵敏

平鳍旗鱼优雅地在水中游动，也可高高跃出水面。它们单独或成对进行迁徙。

水中箭

平鳍旗鱼身体的构造使其成为海中速度最快的鱼类之一，每秒可游 30 米。其速度比许多运动艇还快，使人们很难对其进行研究，所以它们的特性中还有不为人知的细节。平鳍旗鱼是出色的猎手，甚至能在空中捕捉飞鱼。

110 千米/ 时

这是平鳍旗鱼能达到的最大速度。

食物所在地

平鳍旗鱼的饮食结构主要由生活在水面附近的鱿鱼、章鱼、金枪鱼、鲹、领针鱼、欧洲鳀和沙丁鱼构成。它的吻和帆形的鳍对于捕捉猎物至关重要。当它们还是鱼苗时，就开始快速地吞食浮游的甲壳纲动物。

旗

最大的背鳍几乎遍布整个身体，由42~49 根鳍条构成。当平鳍旗鱼感觉受到威胁时，会用背鳍使自己显得更大。

4 年

在自然环境下，平鳍旗鱼的平均寿命为4 年。

捕食

平鳍旗鱼有非常独特的捕食系统，通常成群行动；猎物也通常成群出现，这让捕食变得更简单。当平鳍旗鱼发现猎物时，会先慢慢追逐它们，等到要出手时再展开鱼鳍，全速前进以捕获猎物。

流体动力

平鳍旗鱼身体的多种特征使其可以在水中飞速移动，能达到如此大的速度主要是由于其身形符合流体动力学原理。平鳍旗鱼帆形的背鳍和上颚都可以帮其“割开”水流；此外修长的体形和有力的尾部肌肉也助益不少。

活动

由于其流体动力学特征，所以平鳍旗鱼与其他鱼类不同，它们在活动时几乎不产生波浪，身体也一直保持直线。

侧视图

俯视图

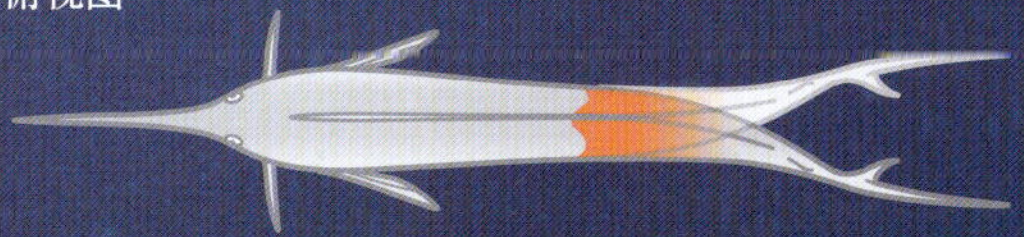

僵硬的脊柱

速度快的鱼的脊柱比速度慢的鱼的脊柱更硬，所以脊柱也是影响速度的一个因素。

欧洲鳗鲡

100 根椎骨

旗鱼

30 根椎骨

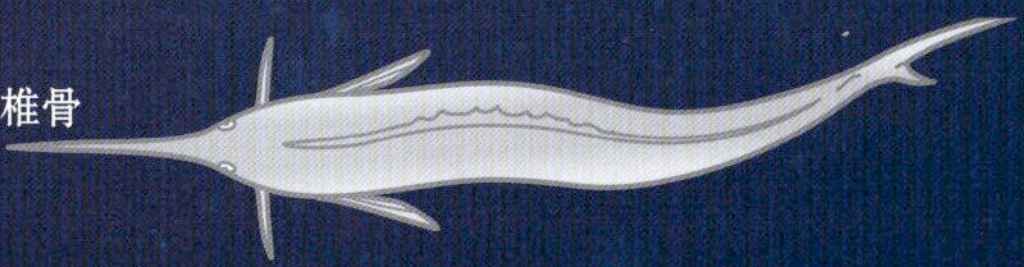

胸鳍

胸鳍也很长，几乎到了臀鳍的起点，由软鳍条构成。

尾梗

有强而有力的肌肉来晃动尾巴并保证速度。

尾巴

尾巴很细，呈箭形，游动时负责推进。

1 觅食

它们一般在较浅的水域中觅食。几条平鳍旗鱼追逐一群猎物并将它们包围。

2 出击

平鳍旗鱼展开鱼鳍，对准目标迅速出击，用长吻撞击猎物。

3 消化

猎物有的被撞晕，有的被撞死，然后平鳍旗鱼立即用它们强而有力的颚将所有猎物悉数吞下。

虾虎鱼及其相关鱼类

门：脊索动物门

纲：辐鳍鱼纲

目：鲈形目

科：3

种：2026

虾虎鱼科具有丰富的多样性：它们有的生活在咸水中，有的生活在海洋中，有的为降河洄游鱼类。塘鳢科共150种，分布在热带和亚热带水域，有的生活在咸水中，有的生活在淡水中。这一科的各物种通常被称为瓜维那塘鳢。溪鳢科的唯一代表性鱼类栖居在印度－澳大利亚群岛的淡水水域中。

Gillichthys mirabilis

长颌姬虾虎鱼

体长：13~21厘米
体重：10~16克
保护状况：无危
分布范围：北美洲太平洋沿海

长颌姬虾虎鱼的头很宽，头上有小型感应乳突。背部的颜色在深棕色和橄榄绿之间变换。栖居在咸水河口区水不深但泥浆遍布的地区。它们会挖小洞，在退潮时可以躲在里面。长颌姬虾虎鱼有一个口咽腔，可供缺水时使用。

口 长颌姬虾虎鱼的口很长，几乎延伸至鱼鳃处。

Gobius xanthocephalus

黄头虾虎鱼

体长：8~10厘米
体重：7~12克
保护状况：无危
分布范围：大西洋东部、地中海和黑海海域

黄头虾虎鱼栖居在多岩石和细沉淀物的水底，最深可达20米。它们的头呈深黄色，偏扁的圆柱形身体呈黄灰色或透明，身上有深色斑点。它们自己没有固定的栖居地点，不得不与其他物种挤在狭小的空间中生活。主要以各种无脊椎动物为食，如多毛蠕虫、管栖动物、软体动物和甲壳纲动物，有时也吃藻类。

Koumansetta rainfordi

雷氏库曼虾虎鱼

体长：4.54~8.5厘米
体重：10~13克
保护状况：未评估
分布范围：太平洋西部海域

雷氏库曼虾虎鱼和赫氏库曼虾虎鱼是库曼虾虎鱼属仅存的两个品种。它们一般在泥底或沙底水域浮游，栖息深度为3~30米，水质通常较为混浊，且周围有珊瑚礁。它们身上有两处斑点，一处在背鳍后半部分，另一处在尾鳍上，这样可以混淆敌人的视线，令其以为自己攻击的是雷氏库曼虾虎鱼的头，实则是无关紧要的部位。它们通过过滤底土层的物质觅食，可用鱼鳃消除无机物。

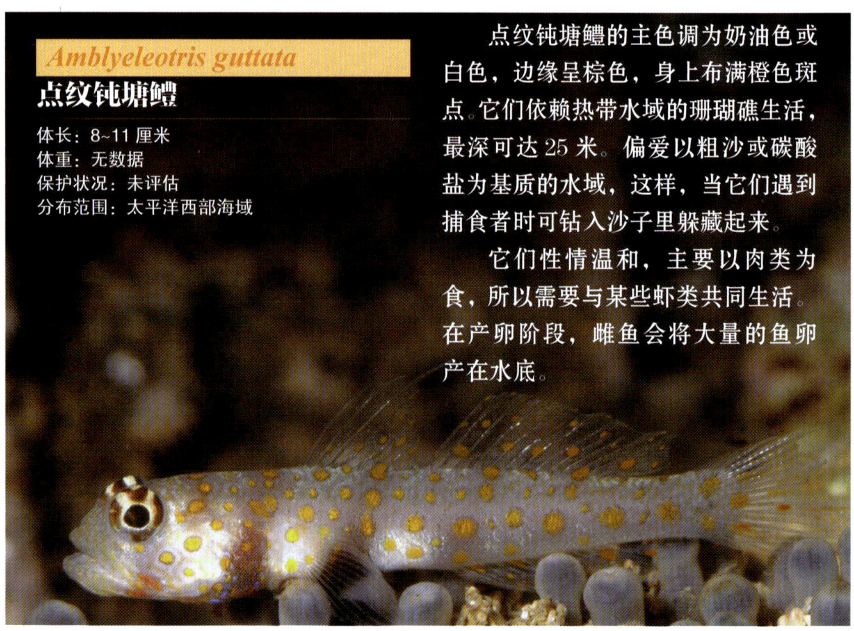

Amblyeleotris guttata

点纹钝塘鳢

体长：8~11厘米
体重：无数据
保护状况：未评估
分布范围：太平洋西部海域

点纹钝塘鳢的主色调为奶油色或白色，边缘呈棕色，身上布满橙色斑点。它们依赖热带水域的珊瑚礁生活，最深可达25米。偏爱以粗沙或碳酸盐为基质的水域，这样，当它们遇到捕食者时可钻入沙子里躲藏起来。

它们性情温和，主要以肉类为食，所以需要与某些虾类共同生活。在产卵阶段，雌鱼会将大量的鱼卵产在水底。

Bryaninops yongei
勇氏珊瑚虾虎鱼

体长：12 厘米
体重：无数据
保护状况：未评估
分布范围：印度洋和太平洋海域

勇氏珊瑚虾虎鱼栖居在 3~45 米深的热带珊瑚礁周边水域，从红海到夏威夷，从拉帕群岛至大堡礁再到中国的东海均有分布。

勇氏珊瑚虾虎鱼的体侧有 6 条红色条纹。虽然它们喜独居，但成年雄鱼通常会与一条幼鱼或体形较小的雌鱼凑对生活。它们通常在虫黄藻间捕食小型无脊椎动物。

勇氏珊瑚虾虎鱼为雌雄同体生物，雄鱼的睾丸旁边有一个未被激活的卵巢，雌鱼也有性腺结构使其可以轻易变性。上述性腺结构可使处于生殖期的一对勇氏珊瑚虾虎鱼双向变性。它们在体外受孕，将鱼卵置于珊瑚的珊瑚虫之间。

依赖珊瑚
它们只依赖颏突珊瑚或柳珊瑚为生，头和腹鳍可以粘在珊瑚上。因其栖息地而又被称为颏突珊瑚虾虎鱼。

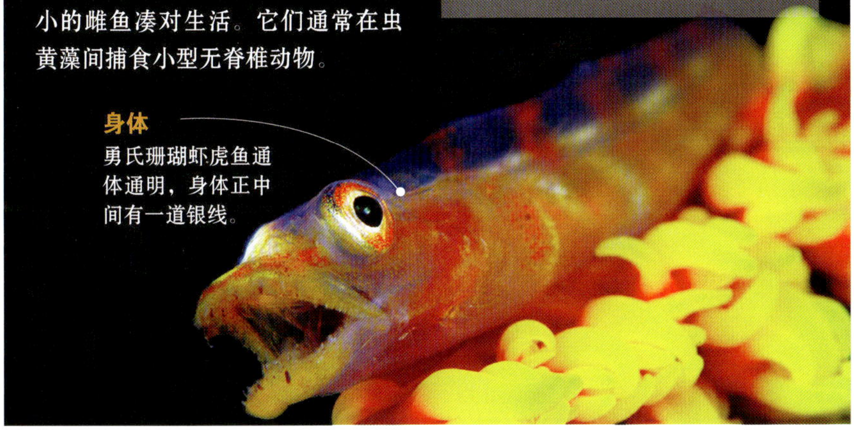

身体
勇氏珊瑚虾虎鱼通体通明，身体正中间有一道银线。

Amblyeleotris wheeleri
红纹钝塘鳢

体长：4.5~10 厘米
体重：无数据
保护状况：未评估
分布范围：印度洋和大西洋海域

红纹钝塘鳢体形修长，体色白，通体散布着红色或棕色的条纹。它们生活在 5~15 米深的浅水珊瑚礁周围，与枪虾（*Alpheus ochrostriatus*）共生。枪虾负责挖洞供红纹钝塘鳢生活，同时受益于红纹钝塘鳢的保护，从而免受捕食者的追捕。红纹钝塘鳢很不活跃，大多数时间都待在藏身处附近，等待猎物经过。它们主要捕食小型甲壳纲动物。

Periophthalmus barbarus
奇弹涂鱼

体长：12~25 厘米
体重：无数据
保护状况：无危
分布范围：大西洋中东部和太平洋中西部

奇弹涂鱼栖居在热带红树林及河口区。尽管是鱼类，却有两栖动物的特征。

它们全身布满血管，鳃和尾巴能进行水合，所以能离开水生存。它们会跳上淤泥，在美国红树的根部进行换气。可利用胸鳍和肌肉组织进行攀爬。

Dormitator maculatus
脂塘鳢

体长：14.5~70 厘米
体重：无数据
保护状况：未评估
分布范围：太平洋中西部

大部分脂塘鳢生活在淡水中，但也有一小部分生活在咸水中。它们的栖息地一般是沼泽、泥底运河和池塘。脂塘鳢会迁徙至河口区繁殖。一夫一妻制的交配包括一系列繁杂的步骤，如体色变深等。它们一般在洞穴中产卵，孵化期为 11~16 天不等。

Bryaninops amplus
狭鳃珊瑚虾虎鱼

体长：2.5~4.6 厘米
体重：无数据
保护状况：无危
分布范围：印度洋和太平洋海域

狭鳃珊瑚虾虎鱼栖居在有礁石的活水海域，栖息深度为 5~30 米。它们与柳珊瑚（柳珊瑚目）共生，以共生珊瑚中的微生物为食。人们捕捞狭鳃珊瑚虾虎鱼并出售给水族爱好者，这对它们的未来可能是个威胁。目前人们仍对其繁殖周期和其他生物过程中的一些细节并不够了解。

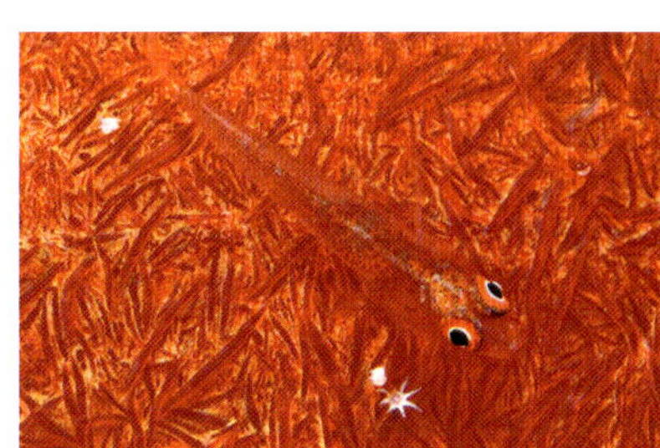

Periophthalmus argentilineatus

银线弹涂鱼

体长：9.3 厘米
体重：未评估
保护状况：未评估
分布范围：印度洋－太平洋海域

腹鳍

腹鳍与基部相连，构成吸盘。

银线弹涂鱼有两栖动物的习性，可以呼吸空气。它们一般呈棕色且偏深灰，腹部为白色。银线弹涂鱼的头部和体侧有小白点以及银色纵向细条纹。它们头很大，鱼吻扁。

饮食

银线弹涂鱼属于机会主义捕食者，几乎能吃所有嘴能吞下的有机体，如蠕虫、螃蟹以及生活在淤泥表面的昆虫，它们在水中也能捕食鱼类。

栖息地

银线弹涂鱼中有的生活在海洋中，有的生活在淡水或咸水水域中。它们占据了红树林的淤泥区域以及热带和亚热带的潮间带，最深可达 2 米。

活动

银线弹涂鱼可在沙子上或河口潮间带的淤泥上跳跃或爬行着觅食。

生活在水外

银线弹涂鱼的呼吸系统结构使其可以呼吸空气，这与其他鱼类相比是非常独特的，且其两栖行为也十分高效。其呼吸系统在水中或水外均可使用，其中最重要的部分为鳃盖骨膜、颈皱、口边皮肤、咽部及全身的皮肤。当银线弹涂鱼生活在水中时，也可在鳃腔中保存气泡，并用一个特殊的鳃瓣封住鳃室。

37 个小时

只要银线弹涂鱼的皮肤保持湿润，它们可以在水外生活37 个小时。

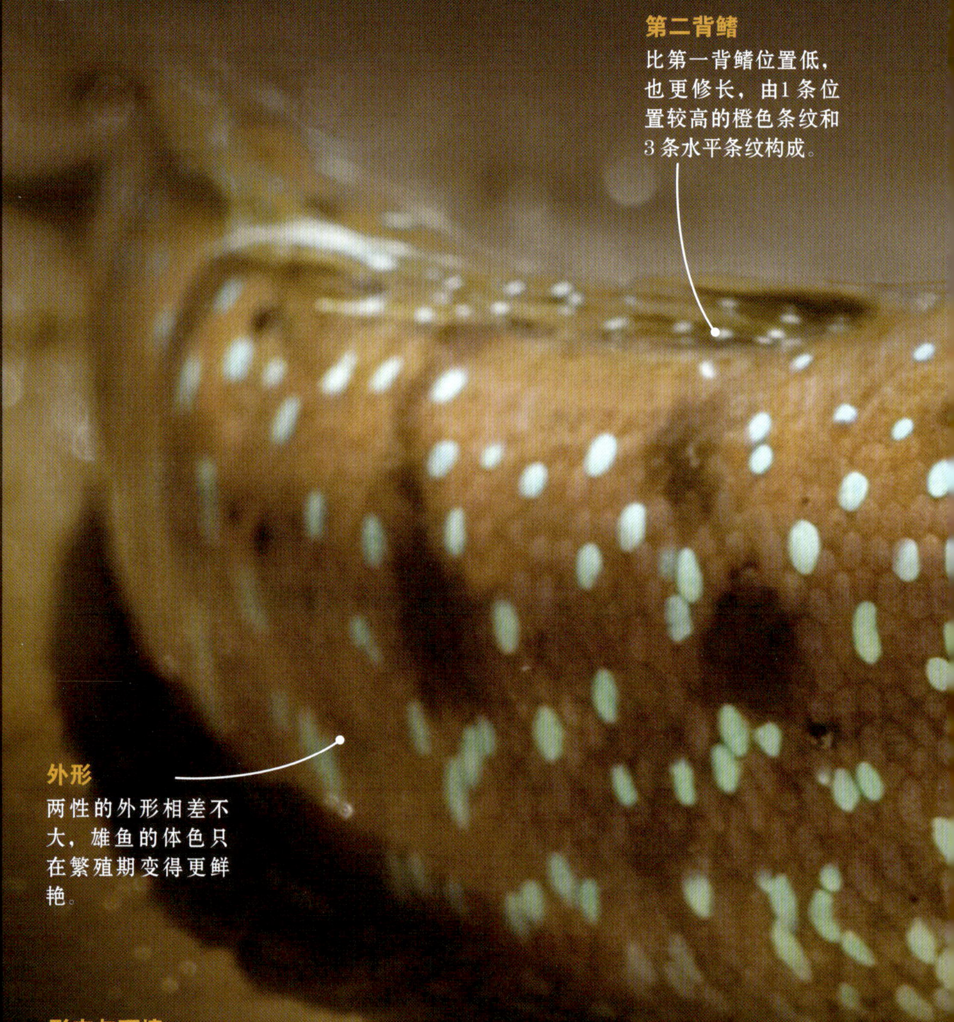

第二背鳍

比第一背鳍位置低，也更修长，由1 条位置较高的橙色条纹和 3 条水平条纹构成。

外形

两性的外形相差不大，雄鱼的体色只在繁殖期变得更鲜艳。

形态与环境

银线弹涂鱼是一个绝佳的例证，证明了无脊椎动物是如何利用各种方式克服重重困难来占领陆地环境的。为了适应环境，它们能大量获取空气，避免过于干燥，并应对渗透变化和温度变化。

视角

银线弹涂鱼的名称来源于它们位于背部且能独自活动的眼睛。由于眼睛的位置很高，每只眼睛的视角有180度，可用特殊的肌肉组织收回或伸出眼睛，不用扭动头部就可以快速转动眼睛。

视角 视角

视网膜 视觉神经 角膜 晶状体 下眼睑

第一背鳍

由11根灵活的鳍棘构成，呈棕红色，有1道黑色宽条纹和1道白条纹。

呼吸

银线弹涂鱼离开水后就会闭合鳃盖骨，并快速鼓起鳃腔。

鳃

由于银线弹涂鱼可以适应水陆两生环境，所以它们的鳃在水中的效率较低，因此皮肤的呼吸显得尤为重要。

呼吸

银线弹涂鱼主要通过鳃呼吸，但当它们离开水时，则会闭合鳃，并在鳃腔中装满水，这样就可在一段时间内进行气体交换。此外，它们还可以吸入气泡，并将气泡含在口中。

鳃腔扩大

腹鳍

有了腹鳍，银线弹涂鱼就可以进行攀缘，且在洪水期还可在淤泥的底层移动。

鳚鱼及其相关鱼类

门：脊索动物门

纲：辐鳍鱼纲

目：鲈形目

科：5

种：783

所有鳚鱼都生活在海洋环境中。其中鳚科的各种鱼类头部扁平，无尖突。其他亲缘科有：胎鳚科，与欧洲鳗鲡相似，色彩斑斓；线鳚科，仅在北大西洋较寒冷的海域有分布；狼鳚科，背鳍巨大，几乎覆盖了整个背部；绵鳚科，口位于身体下半部分。

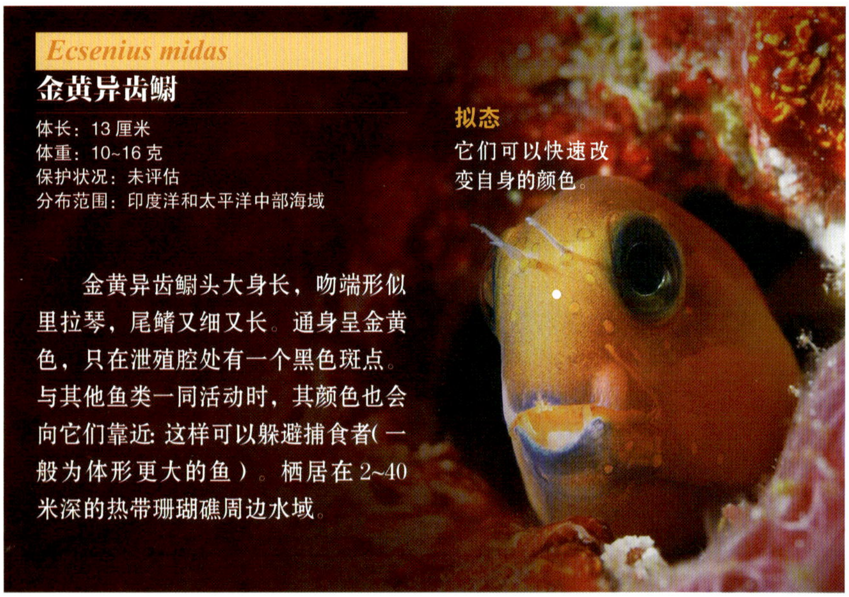

Ecsenius midas

金黄异齿鳚

体长：13 厘米
体重：10~16 克
保护状况：未评估
分布范围：印度洋和太平洋中部海域

金黄异齿鳚头大身长，吻端形似里拉琴，尾鳍又细又长。通身呈金黄色，只在泄殖腔处有一个黑色斑点。与其他鱼类一同活动时，其颜色也会向它们靠近，这样可以躲避捕食者（一般为体形更大的鱼）。栖居在 2~40 米深的热带珊瑚礁周边水域。

拟态
它们可以快速改变自身的颜色。

Parablennius pilicornis

环项副鳚

体长：8~10 厘米
体重：7~12 克
保护状况：未评估
分布范围：大西洋东部和印度洋西部海域

有 4 种颜色的环项副鳚：黑色的环项副鳚身上有横向条纹和黄色斑点；此外，还有大量变种。栖居在热带或温带水域中，一般藏身于岩缝、洞穴和海藻群中，这些因素对于环项副鳚的存活至关重要。以小型动物为食。体形较小的环项副鳚生活在岩边，而体长超过 5 厘米的环项副鳚则栖居在岩礁区。

Hypleurochilus fissicornis

裂角侧唇鳚

体长：8~9 厘米
体重：10~13 克
保护状况：未评估
分布范围：大西洋西南部海域和南美的河流

裂角侧唇鳚的尾部较窄，呈棕褐色或橄榄棕色，腹部区域有深色斑点。它们有拟态色，具体颜色取决于生活的底土层颜色。栖居在从水面至水深 5 米之间的热带和亚热带海域中，在一生中的某些阶段会依赖珊瑚礁生活。它们也会出现在河口区退潮后留下的水塘或地势较高的淡水水域中，如拉普拉塔河（南美洲）。主要以端足目动物和等足目动物为食。

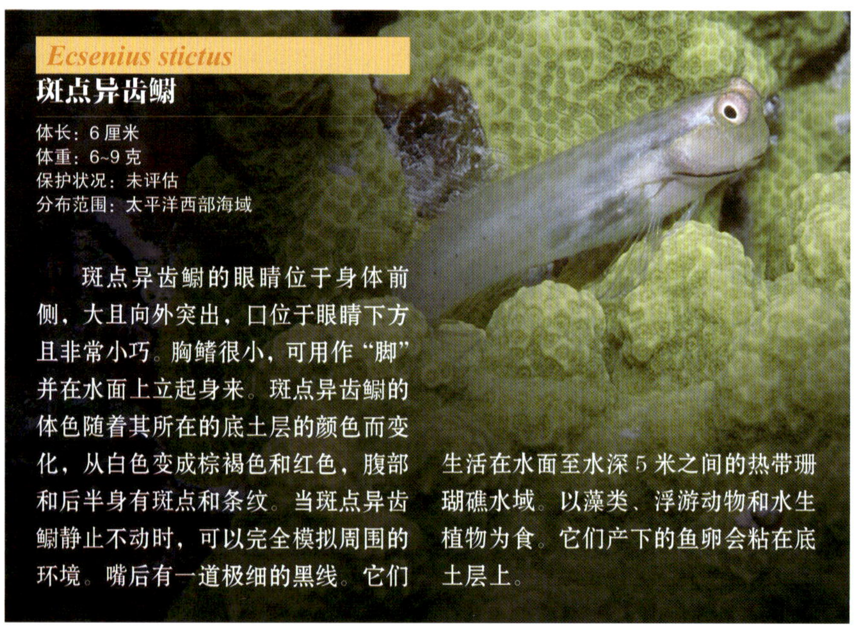

Ecsenius stictus

斑点异齿鳚

体长：6 厘米
体重：6~9 克
保护状况：未评估
分布范围：太平洋西部海域

斑点异齿鳚的眼睛位于身体前侧，大且向外突出，口位于眼睛下方且非常小巧。胸鳍很小，可用作“脚”并在水面上立起身来。斑点异齿鳚的体色随着其所在的底土层的颜色而变化，从白色变成棕褐色和红色，腹部和后半身有斑点和条纹。当斑点异齿鳚静止不动时，可以完全模拟周围的环境。嘴后有一道极细的黑线。它们生活在水面至水深 5 米之间的热带珊瑚礁水域。以藻类、浮游动物和水生植物为食。它们产下的鱼卵会粘在底土层上。

Plagiotremus rhinorhynchos

粗吻短带鳚

体长：12 厘米
体重：10~16 克
保护状况：未评估
分布范围：印度洋和太平洋中部海域

粗吻短带鳚身形修长，且扁平，眼大，嘴隆起。成年鱼体色各不相同，从黑到黄都有，且有两条蓝色的条纹横穿全身。它们可以变成猎物的颜色，以接近猎物，此外也不易被捕食者发觉。幼鱼的体色类似裂唇鱼，身体呈蓝色，有一道白色条纹。

它们栖居在有珊瑚礁和海藻的清澈水域，栖息深度约为 40 米。它们一旦感觉受到威胁，就会躲进与其身体等宽的管状洞穴中，一般为海洋蠕虫洞，而且体色也会变得和礁石底土层的颜色一模一样。

适应性
粗吻短带鳚可以突然改变体色。

饮食
粗吻短带鳚依赖其他鱼类的皮肤生存。它们会突然发动猛烈的攻击，来拔除并消化鳞片、皮肤和黏液。

Lipophrys pholis

穴栖无眉鳚

体长：25~30 厘米
体重：0.7~1 千克
保护状况：未评估
分布范围：欧洲沿岸和地中海西部海域

穴栖无眉鳚身形短胖，头大，眼睛前突。身上没有鳞片，皮肤很黏，呈棕色或橄榄棕，有白色斑点。它们身体上的色块可根据环境改变，形成拟态。它们生活在水温适中或寒冷的多岩石岸边水域，从水面至水深 8 米处均有分布。如在退潮时短时间内被暴露在空气中，它们也可呼吸空气。穴栖无眉鳚从初春开始繁殖，寿命可长达 10 年。食鱼鸟类和大型鱼类是它们的天敌。

Ophioblennius steindachneri

斯氏真蛇鳚

体长：16~18 厘米
体重：400~750 克
保护状况：无危
分布范围：太平洋东部海域

斯氏真蛇鳚身体呈圆柱形，眼睛、后颈和鼻孔上有卷须。它们生活在较浅水域的珊瑚礁周围，有时也生活在海浪较大或水流湍急处。它们藏身于岩石缝隙中，并通过快速袭击来捍卫领地。它们用尖利的牙齿磨碎水藻和小型无脊椎动物等食物，然后再吞咽下去。

Parablennius marmoreus

云纹副鳚

体长：8~9 厘米
体重：10~13 克
保护状况：未评估
分布范围：大西洋中西部海域

云纹副鳚的前半身较为肥硕，眼睛大而前突，两眼中间有几根卷须。它们身上有多处棕色和红色斑点，色块有点类似大理石，此外背鳍也位于前半身；整个臀鳍呈白色。有些云纹副鳚有深色的条纹横穿全身，甚至经过腹部。这样的图案在面对捕食者时十分有利于伪装。

云纹副鳚生活在海岸边的礁石附近，最大深度可达 10 米。幼鱼栖居在河口红树林根部附近或马尾藻海。它们将卵产于海床上，由于鱼卵有黏性，所以可以一直固定在那里。

栖息地
云纹副鳚经常出现在落潮时海岸边的小水塘中。它们通常生活在表面覆满水草的多岩石底土层附近的水域。

Cirripectes auritus

项斑穗肩鳚

体长：8~9 厘米
体重：9~14 克
保护状况：未评估
分布范围：印度洋和太平洋中部海域

项斑穗肩鳚的体色是可以变化的：成年鱼的体色一般为粉红色，体侧和背鳍上有深色的小斑点。头部可能有颜色更深的粉红条纹和斑点，后颈处有一个显眼的黑色斑点。它们的虹膜呈黄色，眼睛外边缘为橙色，由于眼睛大，所以格外显眼。它们生活在热带海域水深较浅（深度不超过 20 米）的礁石周围。产下的卵黏附在底土层上。

Chirolophis decoratus

饰笠鳚

体长：42 厘米
体重：3~4 千克
保护状况：未评估
分布范围：太平洋北部海域

饰笠鳚的眼睛很大，从头部、后颈到背鳍处有若干根前突的白色卷须，上面有黑色的斑点。具体体色视环境的不同而有所变化，每条鱼都不同，这也可能有助于吸引猎物。

饰笠鳚全身呈浅棕色，背部有不规则的白色斑点，背部以下（包括背鳍和腹鳍）有浅色的纵向条纹。腹部为白色，眼大且色深。身体的其余部分都很修长，背鳍和臀鳍连成一片，类似欧洲鳗鲡，但不会像欧洲鳗鲡一样波状前行。栖居在寒冷水域 1~90 米深的礁岩附近，礁岩上长满水藻，它们一般确定住所后就不再改变。一旦出现紧急情况，就会躲进洞穴中。

饰笠鳚的嘴唇异常肥厚。

Heterostichus rostratus

吻异线鳚

体长：60 厘米
体重：3~4 千克
保护状况：未评估
分布范围：北美洲

吻异线鳚是胎鳚科中唯一一个体形较大的品种，眼小吻尖，身体侧扁，背鳍和臀鳍连为一体，从后颈一直连至尾部，仿佛一片大型褐藻。吻异线鳚就栖居在大型褐藻中，可完美地进行拟态。吻异线鳚的颜色可根据栖息地进行变化，可为绿色、黄绿色、带银色色调的红色，或可出现从深色至白色的斑点。

Ribeiroclinus eigenmanni

艾氏黑胎鳚

体长：60~70 厘米
体重：9~10 千克
保护状况：未评估
分布范围：南美洲

艾氏黑胎鳚的头很宽，而身体则越到尾部越窄。其体色可以模拟外部环境，但一般为灰色或橄榄色，有黑色的粗条纹横穿全身，只有头部的条纹较稀疏。艾氏黑胎鳚是该属的唯一代表，食鱼鸟、蓝眼鸬鹚（*Phalacrocorax atriceps*）和大型鱼类都是它们的天敌。分布在较浅的温水或冷水水域中，栖居在多沙或多砾石的底层。为躲避捕食者而藏身于小洞穴中。艾氏黑胎鳚双眼的视角完全独立，所以总视角很宽广，这既有利于捕食又有利于防御。它们数量极少，自有科学记录以来，关于艾氏黑胎鳚的描述少之又少，甚至由于错误而被记载过两次，直至 1970 年，各种不同的记载才汇集在一个名称之下。

Chirolophis nugator

美笠鳚

体长：15 厘米
体重：20~30 克
保护状况：未评估
分布范围：太平洋北部海域

美笠鳚体形修长，雄鱼呈黄色，有时色调偏红，体侧边缘处有白色或黄色的斑点。雌鱼基本为棕褐色，斑点也较少。无论是雄鱼还是雌鱼，后颈处都有多根白色卷须，类似底土层的白色地衣。栖居在 20~80 米深的岩石底层的寒冷海域中。

Zoarces americanus

美洲绵鳚

体长：75~98 厘米
体重：4~5 千克
保护状况：未评估
分布范围：大西洋西北部海域

饮食

美洲绵鳚一般通过触觉而非视觉来寻找食物，也可设下圈套捕食。

美洲绵鳚呈灰色而且偏棕褐，背部两侧及背鳍上有斑点。背鳍从后颈一直延伸到尾部，但尚未与尾鳍相连。栖居在北美洲大陆架水温温和或较冷的水域中（低于 10 摄氏度）。美洲绵鳚以底栖有机物为食，从水草到甲壳纲动物和软体动物无所不食。它们在受到保护的地点产卵，如岩石洞穴中，父母双方会编织巢穴，将鱼卵安放在冻胶式的物质上。根据水温的不同，鱼卵的孵化时间为 2~3 个月不等。它们的天敌有鸬鹚、其他鱼类和鱿鱼幼体。寿命可长达 20 年。虽然不进行迁徙，但会根据食物和水温进行区域间移动。

大嘴

嘴唇肉质肥厚，尖利的牙齿十分有力。

Iluocoetes fimbriatus

软绵鳚

体长：30~35 厘米
体重：2~2.5 千克
保护状况：未评估
分布范围：南美洲沿岸

软绵鳚的头很强壮，吻长而钝，眼睛很大，身体的上边缘稍稍超过头部，这是绵鳚科的典型特征。上颚比下颚大，且嘴唇肥厚。软绵鳚一般呈棕褐色，身上及高耸的背鳍上杂乱地分布着圆形斑点，胸鳍上也有斑点分布，不过比背鳍上的斑点稍小一些。软绵鳚的腹部和臀鳍呈白色。和同类的其他鱼种一样，软绵鳚没有明显的鱼鳔，因此它们只得栖息在底土层，且腹部无法呈拟态色。栖居在水温适度及寒冷水域（盐度高）或河口区（含一定盐度），栖息深度为 0~600 米。卵生，将鱼卵产在水底，鱼卵的表面有黏性，可以附着在底土层上。

Anarrhichthys ocellatus

眼斑鳗狼鱼

体长：2.40 米
体重：18 千克
保护状况：未评估
分布范围：太平洋北部海域

眼斑鳗狼鱼体态修长，形似欧洲鳗鲡（鳗鲡科），头部高耸，身体侧扁，与身体的其他部分相比，吻部显得尤其大。有力的颚骨向前突出，而深色的大眼睛则向内凹。眼斑鳗狼鱼的嘴很宽，突出的牙齿十分有力。整个头部为灰色（有时有深色的小斑点），身体的其余部分也为灰色，有横向深色宽条纹。它们的体色是为了适应多石的底土层环境，这样它们一旦钻入洞穴，猎物就无法看见它们的头。栖居在 1~220 米深的水温适中的海域。幼鱼在 2 岁前一直在海中浮游，这是占领新领地的好办法。

眼斑鳗狼鱼在冬季产卵，它们把鱼卵产在洞穴中，雄鱼和雌鱼将它们围住，以免被捕食者吞食。

行为

眼斑鳗狼鱼藏身于洞穴中，只探出身体的一小部分，猎物经过时根本注意不到它们。

饮食

眼斑鳗狼鱼能消化刺海胆等各种无脊椎动物。

鲔鱼

门：脊索动物门
纲：辐鳍鱼纲
目：鲈形目
科： 鲔科
种：187

鲔鱼主要分布在印度洋和太平洋的热带海域中。头部上方有一根长长的鳍棘，有些作为天线，背鳍中有四根鳍棘。它们色彩斑斓，呈明显的性别二态性。鲔鱼生活在多沙的底土层附近，以小型无脊椎动物为食，也有个别鱼种栖居在珊瑚礁中。

Synchiropus altivelis
红连鳍鲔

体长：13~17 厘米
体重：25~40 克
保护状况：未评估
分布范围：太平洋西部和印度洋东部海域

红连鳍鲔的头部宽而有力，吻部不尖，口位于前端。身体呈橙红色，背鳍和臀鳍上有浅蓝色斑点，尾巴上也有两道天蓝色的横向条纹。眼窝突出，有一对黄色的大眼睛。雄鱼有一片巨大的背鳍，在交配期或捍卫领地时会展开。红连鳍鲔在深海活动，栖居在水下 70~600 米。它们主要以桡足亚纲动物为食，但也吃浮游生物、无脊椎动物幼体和鱼苗。

栖息地
它们在河口区及海洋水域均常有分布。

性别二态性
雄鱼比雌鱼长5 厘米

Dactylopus dactylopus
指脚鲔

体长：30 厘米
体重：350~450 克
保护状况：未评估
分布范围：太平洋西部和印度洋东部海域

指脚鲔的鳍非常长，呈羽毛状。在进行交配或需要进攻时，就会竖起鱼鳍，让它们看起来比实际更大，此时尾鳍也会展开，其中的硬棘为深蓝色。它们用类似手指的部位（即专门的鳍骨）将甲壳纲动物等食物送至口边。以甲壳类动物为食。体色为拟态色。

Callionymus bairdi
巴氏鲔

体长：11 厘米
体重：22~30 克
保护状况：未评估
分布范围：太平洋西部和大西洋东部海域

巴氏鲔的身体修长，无鳞片。雌雄巴氏鲔的体色各不相同。雄鱼背部为棕色，带大理石色斑点，第一背鳍上有蓝色线条或由斑点构成的线条。雌鱼的第一背鳍则为黄色。它们会模拟周围环境的颜色，从而在不被发觉的情况下接近猎物。雄鱼在繁殖期会展开鱼鳍向雌鱼展示。巴氏鲔为远洋洄游性鱼类，依赖珊瑚礁生存。栖居在覆有海藻的海床上，以小型无脊椎动物为食。

性别二态性
雄鱼的体形比雌鱼大，鱼鳍也更长。

Eocallionymus papilio
蝶形原鲔

体长：10 厘米
体重：15~19 克
保护状况：未评估
分布范围：澳大利亚及新西兰沿岸

蝶形原鲔的头部呈三角形，体色偏白色，也有些偏粉红色或灰色，背部有棕褐色斑点。与雌鱼遍布全身的斑点不同，雄鱼只在腹部有深色斑点，且它们的第一背鳍比雌鱼的更大，色彩也更斑斓。栖居在温暖水域的珊瑚礁或河口区，颜色可以完美地模拟海藻、底土层、沙子和贝壳。

Synchiropus splendidus

花斑连鳍䲗

体长：6 厘米
体重：5~7 克
保护状况：未评估
分布范围：太平洋西部海域

花斑连鳍䲗的体形短粗，口大而唇厚，眼睛外突、颜色鲜明，身体中部（包括背鳍和臀鳍）有橙色和绿松石色的条纹。尾部为橙色，鳍条呈蓝色；胸鳍上黄、蓝条纹相间，边缘也为深蓝色。花斑连鳍䲗身上没有鳞片，布满黏性物质。

花斑连鳍䲗栖居在热带海域的珊瑚礁周边，有时会形成小鱼群。它们在底层缓慢移动，以隐藏自己的踪迹。日间它们不断地进食，主要以小型甲壳纲动物和其他无脊椎动物为食，如桡足亚纲动物、多毛虫、小型腹足纲动物、端足目动物和鱼卵等。

到了繁殖期，花斑连鳍䲗可能会迁徙至开放水域，等日落后开始交配。雄鱼会从 3~5 条雌鱼中选择 1 条与之交配。交配过后，雌鱼会产下 200 枚左右鱼卵，这些鱼卵随波逐流，约在 18~24 小时后孵化，变成 1 毫米长的鱼苗。两个月后，这些幼鱼的体色会接近成鱼，身长在 10~15 毫米之间。

繁殖
雄鱼在几条雌鱼面前跳跃，进行选择，等日落后开始交配。

行为
花斑连鳍䲗在日间一般安静地待在底层。

颜色
虽然花斑连鳍䲗身上色彩斑斓，但它们也能模拟周围环境的颜色。

Synchiropus moyeri

摩氏连鳍䲗

体长：7.5 厘米
体重：6~9 克
保护状况：未评估
分布范围：日本太平洋沿岸

由于眼睛前突，摩氏连鳍䲗的头部侧面呈三角形，锥形的吻部又尖又小。身体呈白色，全身遍布着红色斑点，眼睛为黑色。第一背鳍呈黑色，带有深黄色斑点，胸鳍则为黄色。它们全身的颜色都可以根据环境变化。栖居在 3~30 米深的珊瑚礁中。摩氏连鳍䲗通常形成小鱼群，由一条雄鱼带领，占据一片礁石。

Synchiropus picturatus

变色连鳍䲗

体长：7 厘米
体重：5~8 克
保护状况：未评估
分布范围：太平洋西南部海域

变色连鳍䲗的体形短粗，第一背鳍很小，雄鱼的鳍比雌性的发达很多。体色随周围环境的不同而改变，身上有黑色或橄榄色的斑点，构成几个同心圆，其中边缘处的色调最暗，最外沿处呈桂皮色。基部为橄榄色而偏灰，甚至可能有粉色的色调。斑点可能变成绿松石色、黑色和橙色，类似花斑连鳍䲗。

栖居在热带海域水深不到 20 米的珊瑚礁附近，也会在浅水底层活动。它们利用拟态，藏身于活珊瑚下，以小型无脊椎动物为食。

颜色
在交配期变色连鳍䲗会呈现出鲜艳的色彩。

繁殖
它们每年或每15 个月产一次卵，产卵期都在春季。

斗鱼及其他

门：脊索动物门

纲：辐鳍鱼纲

目：鲈形目

科： 丝足鲈科

种：49

丝足鲈科生活在淡水中，其中包括长丝鲈、斗鲈、天堂鱼和拟丝足鲈等。栖居在巴基斯坦、印度、马来西亚群岛、中国和韩国。其中一些品种在口中孵化幼鱼，另一些则用吐气泡的方式筑起浮巢产卵。一般由雄鱼负责筑巢并照看幼鱼。

Betta splendens

五彩搏鱼

体长：6.5 厘米
体重：无数据
保护状况：未评估
分布范围：亚洲的湄公河流域

五彩搏鱼栖居在水流平缓的淡水水域，其中包括泛滥平原、稻田和河流中，适宜温度为 24~30 摄氏度。它们以昆虫幼虫和浮游动物为食。五彩搏鱼生活在水底。到了繁殖期，雄鱼会吐气泡筑浮巢吸引雌鱼前来产卵，雄鱼用身体和鱼鳍包裹住巢穴，并使鱼卵受精。随后雌鱼弃这些鱼卵不顾，由雄鱼来保护鱼卵和鱼苗。五彩搏鱼深受水族爱好者的青睐。搏鱼极具领地意识，亚洲的一些国家就利用它们这一特性组织类似斗鸡的斗鱼比赛。

性别二态性

雄鱼的鱼鳍（胸鳍除外）比雌鱼的鱼鳍长。

Macropodus opercularis

盖斑斗鱼

体长：12 厘米
体重：无数据
保护状况：未评估
分布范围：长江靠南周围岛屿流域

盖斑斗鱼的身体长而强壮。雄鱼的体色比雌鱼鲜艳，在繁殖期尤为绚丽。它们的主色调为栗色和黄色，其中点缀着红色和蓝色。比较喜欢栖居在 16~26 摄氏度的水域中。生活在小溪、河流、森林水泽带和乡村的灌溉水道，甚至能在氧气含量很低的水体中生存。盖斑斗鱼深受水族爱好者的青睐，被引入到广大的热带和亚热带地区。

叉尾

盖斑斗鱼的尾巴又宽又长。

Osphronemus goramy

丝足鲈

体长：45~70 厘米
体重：无数据
保护状况：未评估
分布范围：东南亚

丝足鲈栖居在沼泽、湖泊和大河中。它们能从湿润的空气中获取氧气，所以离开水后也可长时间存活。它们以水藻和无脊椎动物为食，但也能捕食两栖动物和其他鱼类，有时甚至吃腐肉。人们捕捞丝足鲈是为了食用，同时它们也深受水族爱好者的喜爱。

Pseudosphromenus cupanus

拟丝足鲈

体长：6.5~7.8 厘米
体重：无数据
保护状况：未评估
分布范围：南亚

拟丝足鲈色彩斑斓，鱼鳍又长又尖，且数量为奇数。栖居在水流平缓、植被茂密的水域（水温在 24~27 摄氏度之间），如水藻丰富或有许多浮游植物的区域。它们以浮游动物和昆虫为食。水族爱好者通常选择以蓝色和红色为主的拟丝足鲈，有时也喜欢颜色稍微泛白的品种。

Trichogaster leerii

珍珠毛足鲈

体长：12 厘米
体重：无数据
保护状况：未评估
分布范围：东南亚

珍珠毛足鲈栖居在稻田和小池塘中，在水温 25~29 摄氏度的水域中生活得最舒适。它们体形紧凑，侧面呈圆形。腹部基部有一对触须。它们身上散布着细小的白色圆形斑点，因此得名珍珠毛足鲈。雄鱼在生命终结时，背鳍和尾鳍会抽丝；雌鱼的鳍则更圆，且颜色也没有雄鱼鲜艳。

Trichogaster trichopterus

三星毛足鲈

体长：10~15 厘米
体重：无数据
保护状况：未评估
分布范围：东南亚

三星毛足鲈生活在水质混浊、水流平缓的湿地、沼泽和浅运河中，或生活在植被丰富的积水处。比较喜欢水温 22~28 摄氏度的热带水域。偶尔还会出现在湄公河中下游流域淹水的树林中。它们通常生活在水底，雨季会从主河流迁徙至较小的水体，旱季会回到持续有水的水体中。以浮游动物、昆虫和甲壳纲动物的幼体为食。三星毛足鲈的口小而斜。背鳍中有 6~8 根鳍条，臀鳍中有 9 根鳍条。上颚竖直且可外突，下颚也十分突出。

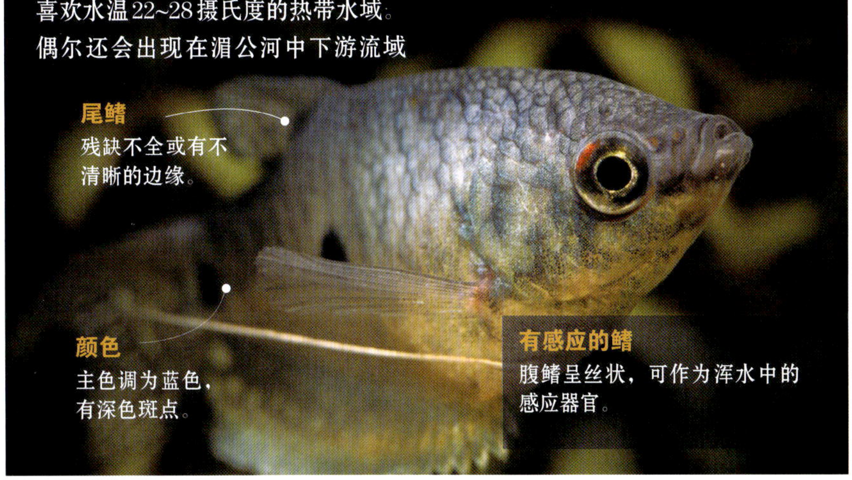

Trichopsis vittata

条纹短攀鲈

体长：3.9~7 厘米
体重：无数据
保护状况：未评估
分布范围：东南亚

条纹短攀鲈通体颜色较浅，胸部有一处黑色斑点，身上有几道横向的深色线条。栖居在 22~28 摄氏度的热带水域，其栖息地水质浑浊，多为死水，且植被丰富。主要以浮游动物、昆虫和甲壳纲动物的幼体为食。雌鱼在产卵期会产下由 4~6 枚鱼卵构成的“包裹”，雄鱼负责筑气泡巢并孵化。

Pseudosphromenus dayi

戴氏拟丝足鲈

体长：7.5 厘米
体重：无数据
保护状况：近危
分布范围：印度

戴氏拟丝足鲈栖居在 25~28 摄氏度的淡水沼泽、小池塘和由雨水蓄成的水坑中。雄鱼的体色比雌鱼鲜艳，颈部附近呈耀眼的橙色，尾部很大。为深海浮游生物，不迁徙。它们也用气泡筑巢，但不用植物作为支撑物，而是使用穴壁。

Betta albimarginata

白边搏鱼

体长：5 厘米
体重：无数据
保护状况：未评估
分布范围：东南亚

白边搏鱼最初于 1993 年在婆罗洲的加里曼丹岛被发现。雄鱼呈橙色、红色或栗色。背鳍、臀鳍和尾鳍均由三色构成：基部为橙色，中间为黑色，边缘为白色，因此得名白边搏鱼。雌鱼的色泽较暗，体色较深，有时甚至为黑色。雄鱼可将雌鱼产下的鱼卵置于大口中进行孵化，孵化的过程可能长达 15 天，期间雄鱼无法进食。其后，可孵化出多达 40 条鱼苗。

它们栖居在水流平缓的水域中，如较浅的河流和小溪，其栖息地有大量植被正在腐烂，如树干和被枯叶覆盖的底土层。主要以昆虫的幼虫为食。

叶形鱼

门：脊索动物门
纲：辐鳍鱼纲
目：鲈形目
科：3
种：27

叶形鱼最大的特征是其卓越的伪装能力。它们的形态极像一片树叶，可以迅速改变颜色而不被觉察。大多数叶形鱼均是凶猛的捕食者，它们会悄无声息地接近猎物。它们头大，口前突，只有一片背鳍。

Badis badis

无线棕鲈

体长：8 厘米
体重：无数据
保护状况：无危
分布范围：印度、不丹、孟加拉国、巴基斯坦和尼泊尔

无线棕鲈栖居在23~26摄氏度的热带水域中，但也能忍受更低的水温，在池塘和沼泽区域亦有分布。它们的性情温和，喜独居。主要以无脊椎动物为食，也吃甲壳纲动物、昆虫和蠕虫。

雄鱼在繁殖期会出现色块变化，鱼鳍的蓝色也会加深。

雄鱼与接近其领地的雌鱼进行交配，并将它们引向巢穴。当雌鱼同意后，就会进入洞穴产卵，然后由雄鱼保护并捍卫巢穴。人工饲养无线棕鲈需要很大的空间，让它们大多数时间待在自己的藏身之处。无线棕鲈只捍卫自己领地那一块小小的范围，并会驱赶一切入侵者。

变色鱼

无线棕鲈还有一个俗名叫变色鱼，这是由于它们会变色：当它们感受到威胁时，就会变得苍白。当颜色变得很深时，就说明它们要开始进行攻击了。

背鳍
在背鳍基部和中间有一或两条由黑色斑点构成的线条。

行为
无线棕鲈常被人们用于研究鱼类行为学。

颜色
身体呈红色，有深色的纵向条纹，且在繁殖期颜色还会加深。

Pristolepis fasciata

马来亚叶鱼

体长：20 厘米
体重：无数据
保护状况：无危
分布范围：东南亚

马来亚叶鱼身体侧扁，呈棕色，有6~8条棕褐色纵向条纹。主要以细丝状水藻、陆生植物、果实、种子和一些水生昆虫和甲壳纲动物为食。栖居在水流平缓或停滞的淡水水域中。它们在季风暴雨季进行周期性的迁徙。一旦进入旱季就回到主河道中。在一些地区，它们的生存状况已受到威胁。

Monocirrhus polyacanthus

多棘单须叶鲈

体长：8 厘米
体重：无数据
保护状况：未评估
分布范围：亚马孙河流域

多棘单须叶鲈的名称源于它们那与树叶十分相似的身形和体色。它们可以改变颜色，变成和枯叶一样的带暗色斑点的棕褐偏红色或偏黄色。多棘单须叶鲈是擅长埋伏的捕食者，它们会利用自己高超的伪装技能接近猎物，然后近距离攻击。它们要么小心翼翼地接近猎物，要么一动不动地趴在水底，等待猎物靠近。它们几乎只捕食小型鱼类，偶尔也吃无脊椎动物。

䲟鱼

门：脊索动物门

纲：辐鳍鱼纲

目：鲈形目

科：䲟科

种：8

䲟鱼栖居在海洋中，分布十分广泛。它们身体修长，头部有一个椭圆形的吸盘，所以显得平滑。这样的结构明显是源于长满鳍棘的背鳍。䲟鱼用这个吸盘可黏着在大型水生脊椎动物身上，从而获取食物并进行迁徙。它们没有鳔，不擅游泳。

Echeneis naucrates

䲟鱼

体长：1.1 米
体重：2.01 千克
保护状况：未评估
分布范围：环地球热带区域

䲟鱼生活在岸边或开放水域中，是䲟科在热带和温带水域中最具代表性的鱼种。可下潜至水下 50 米，在有些地方，人们能看到䲟鱼在珊瑚礁和低平海岸自由地游动。它们身体瘦长，头部有一个巨大的吸盘，可吸附在其他动物身上，吸盘由一个巨大的椭圆形盘状物和一系列鳍瓣（18~28 个）构成。䲟鱼的寄主通常为鲨鱼，也可能是魟鱼、海龟、鲸鱼、海豚、大型硬骨鱼甚至船只。寄主动物不会受到伤害，䲟鱼只是吃寄主的食物残渣。它们是肉食性动物，但具体食物取决于寄主的饮食习惯。

人们对䲟鱼的繁殖情况知之甚少，只知道它们是体外受精，在春夏交替时进行繁殖。鱼卵很大，在深海浮游，外面有保护层。鱼苗被孵化出来时尚未发育完全。它们有一年时间自由生活，当长到 3 厘米时就吸附到寄主身上。

保育

虽然人们尚未发现对䲟鱼的直接威胁，但鲨鱼数量的减少说明䲟鱼可选择的寄主数量在减少。

Remora remora

短䲟

体长：86.4 厘米
体重：1.07 千克
保护状况：未评估
分布范围：环地球热带区域

短䲟几乎分布在所有大洋的热带海域。它们为深海浮游鱼类，主要吸附在鲨鱼及其他大型海洋脊椎动物身上。它们的吸盘形似许多寄生生物的黏着结构，目前尚未被发现会伤害寄主。但人们还不清楚鲨鱼是真的欢迎它们吸附在自己身上，还是根本无法摆脱它们。不过人们从未在鲨鱼胃中发现短䲟。甚至有研究发现寄主可能会从这种关系中获益，短䲟可移除寄主鳃部和嘴边区域的寄生生物。这种生活习惯非常明显，根据对人工养殖短䲟的观察，它们需要有高速的水流通过鳃，无法在平静的水域中存活。

裂鳍鱼

裂鳍鱼的胸鳍和腹鳍类似四足动物的四肢，它们的体形更接近陆地上的脊椎动物而不是其他有鳍棘的鱼类。有人认为，裂鳍鱼是两栖动物的祖先，因此也就是我们人类的祖先。

一般特征 154
肺鱼 156
空棘鱼 158

一般特征

裂鳍鱼或肉鳍鱼属于硬骨鱼，又称腔棘鱼（Sarcopterigios，源自希腊语 sarx——肉，pteryx——鳍），它们基部的骨头类似四足动物的四肢。它们的牙齿上有珐琅质。在用肺或通过鳃呼吸时，心脏瓣膜可以调节血液的流通。过去裂鳍鱼的种类繁多，但现存的只有 2 种空棘鱼和 6 种肺鱼。

门：脊索动物门

纲：辐鳍鱼纲

亚纲：2

目：3

科： 4

种：10

外形特征

裂鳍鱼的标志性特征包括较小的肺部循环（相较于其他有肺动物）和身体下方成对的裂鳍。裂鳍鱼的循环系统与两栖动物类似，在心脏中将两个循环系统分开（静脉循环和动脉循环），有肺静脉和体静脉之分。肺静脉从肺部连接至心耳房（左心耳房）并输送氧气。血液通过心室被输送到全身各处。有肺动物的心耳是分开的，其中左心耳房中连接着肺血，并有氧气供应（通过肺静脉），右心耳房则接受静脉窦的静脉血。富氧血和缺氧血一旦在心室中混合就会产生新的物质，好在心房可高效地将二者分离。裂鳍鱼的心房和眼窝之间有鼻泪管连接，从而能保持眼睛湿润。它们有时会利用有肌肉组织的裂鳍来运动，这和四足动物的祖先占领陆地栖息地的方式一样。裂鳍鱼具有成对的鳍，由一长列中轴骨及两侧辐状骨组成，这一结构是其名称的由来。

古代物种的构造

肉鳍鱼的进化速度很慢，几乎几百万年间都毫无变化。肉鳍鱼的后代在大陆环境中分布广泛，其中最重要的特征就是带有基部的偶鳍，这与四足动物的四肢类似。

空棘鱼

空棘鱼的鱼鳍基部提供了脊椎动物进化的重要信息。

尾鳍

尾鳍的结构非常有特色：肌肉组织丰富且有突出的小叶。

消化系统

粗壮的食管通向胃部，胃中有许多小腺体。

胸鳍

通过一根鱼骨与胸带相连，与四足动物的肱骨类似。

人们普遍认为这种海洋鱼类是陆地生物（四足动物）的祖先，所以我们称幸存的裂鳍鱼为“活化石”。南美洲肺鱼和非洲肺鱼的胸鳍和腹鳍为原鳍（其中美洲肺鱼的胸鳍和腹鳍呈丝状），这说明裂鳍鱼祖先带肌肉组织的裂鳍已经消失。澳大利亚的肺鳍鱼依然保留着肉鳍，用于在水底缓慢“行走”。肺鱼的尾鳍很尖，被称为圆尾（脊柱向后延伸至尾部末端，尾巴与背叶和腹叶对称）。裂鳍鱼的另一特征为鳞片嵌入身体。

细分

裂鳍鱼可分为两大类：空棘鱼和肺鱼。空棘鱼（亚纲：腔棘亚纲）的偶鳍基部有鳞片，长可达 1.5 米，重可达 68 千克。它们的颜色多样，从棕褐色到蓝色均有，具体取决于是何品种。空棘鱼为卵胎生（与大多数鱼类不同，空棘鱼为体内受孕）。它们栖居在 150~300 米深的水域中，捕食其他海洋鱼类。目前世界上仅存两种空棘鱼：即最近被发现的西印度洋矛尾鱼（*Latimeria chalumnae*）和印尼矛尾鱼 (*Latimeria menadoensis*)。肺鱼（亚纲：肺鱼亚纲）与其他鱼类不同，有始于腹侧肠壁的一个或两个官能肺，一直延伸到咽部。肺鱼偶裂鳍的基部有鳞片，在鱼苗阶段也有外鳃。目前有 3 种淡水肺鱼被称为冈瓦纳鱼（它们以前分布在冈瓦纳超大陆）：非洲肺鱼（其中包括 4 个品种）、美洲肺鱼和澳大利亚肺鱼。非洲肺鱼和美洲肺鱼对肺的利用率更高，而澳大利亚肺鱼则更依赖水。肉鳍鱼与四足动物关系密切，虽然现在仅存空棘鱼和肺鱼，但在古代数量却很庞大（尤其是在泥盆纪和石炭纪）。肺鱼和四足动物的某些相似之处暗示了它们之间的相近关系。但由于肺鱼是一种非常特殊的动物，这些相似之处可能是独立演化而来（即趋向一致的过程）。四足动物的祖先来自于总鳍鱼和扇鳍鱼的交配。它们有一对鼻孔向外张开，可能是用作嗅觉器官，并与上颚沟通。气门可以形成中耳腔。一些专家认为，从肺鱼起，鱼类就开始通过过渡形态向四足动物进化，直到变成迷齿亚纲等两栖动物。然而，自从发现提塔利克鱼或孔螈等“四足动物形态”的动物化石遗迹以来，专家们也开始采用其他分类方法进行研究。上述动物已具备“两栖动物”的特征，如侧线减少，眼睛背生，骨头的数量减少或某些骨头消失，进一步进化后，胸带与头部分开（出现脖子）或腹腰部分与脊柱相连。

适应干旱

肺鱼栖居的区域有时会缺水，为了生存，它们使用肺呼吸或钻入淤泥洞中。

对夏季炎热气候的适应

当旱季水位下降时，非洲肺鱼（非洲肺鱼属）会建造一个湿润的土茧，将自己包裹起来。由于有了保护，肺鱼可安心进入昏睡状态。它们的心跳、呼吸、新陈代谢会发生巨大变化：降低氧气消耗、心率和血压。这样它们能在不吃不喝的情况下存活几个月甚至几年。

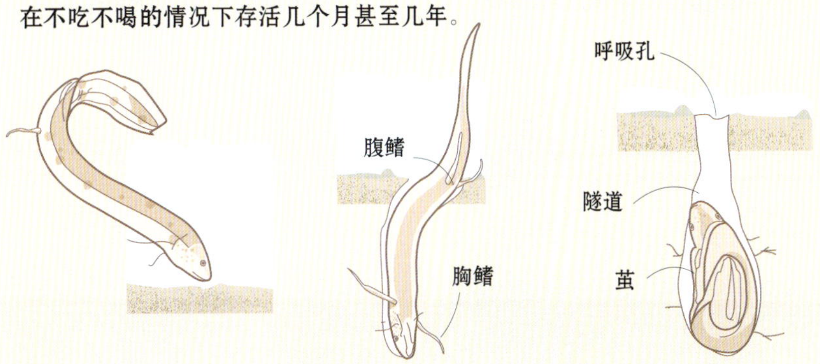

1 水位下降时

肺鱼在河床处寻找一片由软泥构成的易于钻入的土地。它们在这片土地中构建洞穴用于藏身。

2 头部

头部钻入土地后，肺鱼会分泌一种黏性物质以利于滑动，然后再利用脱水作用进行自我保护。

3 在干旱期

肺鱼将自己头朝上折叠起来。在水位下降前，它们会用黏土塞封住入口。

肺鱼

肺鱼的特点是肉质鳍基和肺式呼吸。它们的鼻腔与嘴相通。目前所有幸存的肺鱼品种均生活在南半球（非洲、南美洲和澳大利亚）的淡水环境中，且每个大陆只有一个代表鱼属。许多肺鱼会进行夏眠，这样才能在恶劣的环境中存活下来。过去人们常认为肺鱼是四足动物的祖先。

门：脊索动物门

纲：辐鳍鱼纲

亚纲：肺鱼亚纲

目：角齿鱼目

科：2

种：5

基本的肺

原鳍鱼（*Protopterus annectens annectens*）的呼吸结构原始却高效。

共同特征

肺鱼的头部有轻微的骨化现象，牙齿呈板状，颚部直接支撑头部。它们用坚硬的扇骨支撑身体（脊索），“椎骨”无法使身体定型，只能呈现出弓形。它们的鱼鳍非常原始，为双排（即中轴两侧有两列鱼鳍，但数量可减少）原鳍（原文为 *arquipterigio*，*arqui*——古老的，*pterigio*——鳍）。偶鳍和头部均有鳞片覆盖。它们最显著的特征为具有单囊或双囊（一种原始的肺，可用于获取大气中的空气），并可以减少部分的鳃。消化管中有螺旋瓣，终结于泄殖腔，可增加肠道的吸收面积。目前现存的淡水肺鱼有 6 种：4 种非洲肺鱼、1 种美洲肺鱼和 1 种澳大利亚肺鱼。它们有吸入式鼻腔（即水流入的鼻孔）和呼出式鼻腔（即水流出的鼻孔）。它们的呼出式鼻腔与硬骨鱼的呼出式鼻腔不同，位于嘴唇以下（在进化过程中逐渐转向嘴唇下侧）。内鼻腔则在颚部打开。

环境

目前，所有肺鱼都生活在南半球，它们的外观、构造和行为都十分相似。

澳大利亚肺鱼
Neoceratodus forsteri

非洲肺鱼
protopterus sp.

美洲肺鱼
Lepidosiren paradoxa

性别二态性

美洲肺鱼在雨季繁殖，成年鱼生活在洪涝区域，构筑洞穴形的巢。雄鱼的鱼鳍上发育出“腹鳃”式丝状物，此结构上布满血管，可在水中释放额外的氧气。

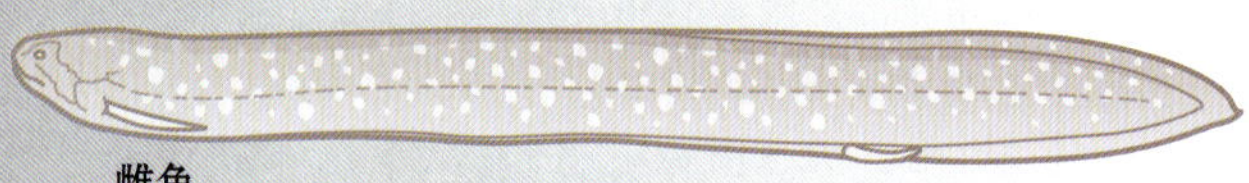

雌鱼

雄鱼

Protopterus aethiopicus aethiopicus

石花肺鱼

体长：1~2 米
体重：17 千克
保护状况：未评估
分布范围：非洲

石花肺鱼生活在较深的淡水水域，最深可达 60 米。身体有黏性，且为圆柱形，色暗，背部呈板岩灰，腹部为灰色偏黄或灰偏粉红，遍布着深色斑点；头部有感官通道，身体为黑色。尾巴尖，与背鳍和臀鳍合为一体；胸鳍和腹鳍细长。幼鱼有外鳃骨。具备极为重要的在空气中呼吸的能力。栖居在河流、湖泊和沼泽中，也能在长时间干涸的流域中存活。在干燥期，它们可以留在茧中，通过一个与外界连接的通道呼吸空气。石花肺鱼在洪涝期进行繁殖，雌鱼将鱼卵产在洞穴中后就由雄鱼照看，雄鱼会保护鱼卵和幼鱼。石花肺鱼以软体动物、鱼类和昆虫为食。

Protopterus annectens annectens

原鳍鱼

体长：1 米
体重：4 千克
保护状况：未评估
分布范围：非洲西部

原鳍鱼是淡水鱼，生活在沼泽边缘、河流下游和湖泊中。它们体态浑圆，面部突出，眼睛很小。偶鳍又细又长。有 3 个外部鳃。体背呈橄榄棕色；腹部偏白；身体和鱼鳍上有黑色或棕色斑点，只有腹部无斑点。以水生植物为食，并依赖它们产卵。在旱季会构筑一个土茧，能蜷曲在其中生存超过一年，但一般原鳍鱼只会在夏季休眠。

Lepidosiren paradoxa

美洲肺鱼

体长：1.25 米
体重：2 千克
保护状况：未评估
分布范围：南美洲

美洲肺鱼栖居在淡水中，能呼吸大气中的空气。它们通常在夜间活动，比较喜欢水流平缓或静止的浅水水域。主要以生活在河底的甲壳纲动物为食，此外也吃软体动物和小鱼。幼鱼会吃昆虫的幼体和蜗牛。在繁殖期雄鱼会承担护卫的责任，此时它们的胸鳍中会生出布满血管的丝状突起来给鱼卵供氧。鱼卵产在底部封闭的洞穴中，巢的长度可达 1.5 米。幼鱼有外鳃，但很快又会退化。从第七周起，幼鱼开始用肺呼吸，此时肺的大小在 35~40 毫米之间。

Neoceratodus forsteri

澳大利亚肺鱼

体长：1.7 米
体重：40 千克
保护状况：未评估
分布范围：大洋洲

干旱

它们可以在非常干旱的地区存活，只需改变其在水面的呼吸即可，但是澳大利亚肺鱼无法进行夏眠。

澳大利亚肺鱼是底层淡水鱼，体长且肌肉发达，体侧扁，尾鳍为圆尾，且末端尖。其背部和体侧呈橄榄绿偏深棕绿色，腹部呈奶黄色或粉红色。鳞片又大又圆，层层重叠。胸鳍基部肉质丰厚、强劲有力；腹鳍与胸鳍相似，只是更小些。头大而扁，嘴位于头的前端。澳大利亚肺鱼的肺部很大，布满血管且分为两室。

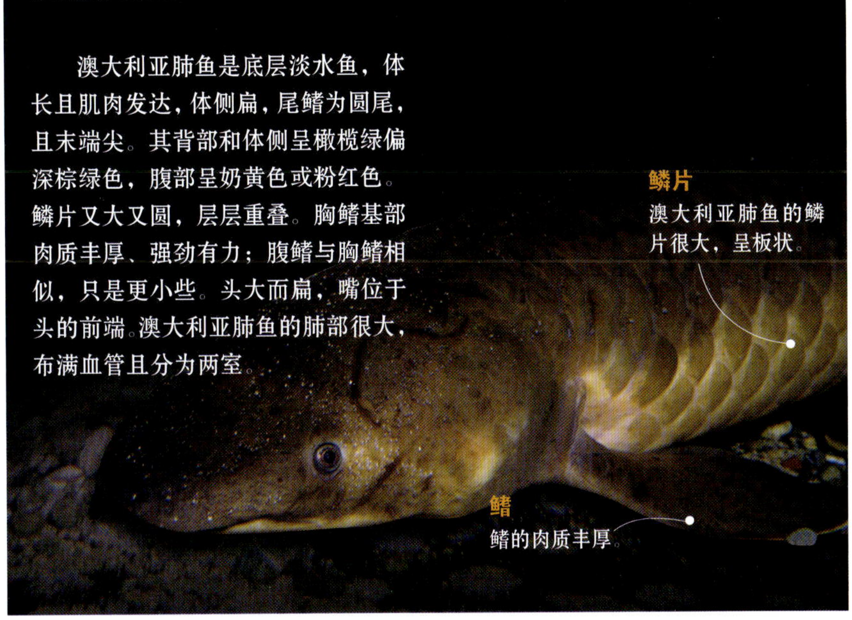

空棘鱼

空棘鱼生活在较深的海域中。起初人们认为空棘鱼是陆生脊椎动物的祖先，因为它们具备陆生脊椎动物的共同特征，且与大多数鱼类不同。其中一个显著的特点是偶鳍基部肉质丰厚，与腰部相连，这与四足动物的四肢十分类似。

空棘鱼化石

门：脊索动物门

纲：辐鳍鱼纲

目：腔棘鱼目

科：1

种：2

形态特征

关于空棘鱼柔软的结构和流线型身体的研究均表明它们与软骨动物十分类似。即使我们认为空棘鱼是“原始脊椎动物”，它们依然进化出许多独有的特征。它们有两片背鳍，每片背鳍的近侧均有骨结构；第一背鳍为帆形，而第二背鳍、臀鳍、胸鳍和腹鳍的基部均由肌肉组织（叶）构成。这些鱼鳍与肺鱼化石的叶鳍十分相似，但任何其他鱼类均未发育出7片肉质鳍。它们并无真正的脊柱，却有牢固的脊索，脊索发育完好且壁厚，成鱼的管状脊索中充满液体(在大多数鱼类的发育过程中，脊索都被骨质脊柱中心取代)。尾鳍与众不同，是3个叶片，其中中间的叶片偏小且突出。

空棘鱼脊椎的结构与古代两栖动物的脊椎类似。它们的鳞片大而突出，且呈黏粒型。每尾空棘鱼白色斑点的分布都各不相同，可以据此进行辨识和跟踪。

“活化石”

当我们比较活体空棘鱼和空棘鱼化石时会发现，几百万年来，空棘鱼的形态似乎丝毫未变。

深度专家

虽然空棘鱼的外形很原始，但它们有许多独有的特征，且能适应不同深度的海洋环境。这些特征利于其生存，无论是过去还是现在。

古老的居住者

早在3亿年前，即恐龙灭绝前，空棘鱼就出现了。

空棘鱼的体色使其轮廓变得模糊不清，让捕食者难以辨识。

空棘鱼的眼睛中有一种组织可以反射微弱的光线，所以当空棘鱼下潜至深处时，它们的眼睛可以反光。

空棘鱼的第一背鳍与其他鱼鳍不一样，它不是肉质的，且为帆形。

进化

空棘鱼被视为“活化石”，近4亿年来体形几乎没有任何变化。现存空棘鱼与寿命长达7500万年的岩石中的化石标本类似，这大大出乎科学家的意料。

目前我们了解到，空棘鱼在泥盆纪数量巨大，可能比现在的硬骨鱼还多。

常见栖息地

空棘鱼生活在多岩石的陡峭水底，在日间藏身于洞穴中。它们为卵胎生动物，鱼卵个头很大。当它们在海底运动时，会轻轻摆动肉质偶鳍，极像四足动物行走时四肢的动作。

Latimeria chalumnae

西印度洋矛尾鱼

体长：2 米
体重：95 千克
保护状况：极危
分布范围：印度洋和非洲南部海域

西印度洋矛尾鱼是底层海鱼，栖息深度可达 150~700 米。它们呈金属蓝色，头部和身体的其余部分均分布有不规则的蓝白斑点，且能分泌大量的油脂和黏性物质。它们的头部没有鳞片，下颚中有尖利的牙齿。鱼鳔较长，且充满油脂，有利于矛尾鱼漂浮在水中。肠道中有螺旋瓣，有助于吸收。西印度洋矛尾鱼会进行渗透调节：在血液中保留三甲胺氧化物和尿素，并用直肠腺排出多余的盐分。成鱼的大脑相对较小。它们是机会主义捕食者，一般在夜间捕食。它们的猎物通常为鱼类、乌贼和头足纲动物等海底动物或浅海底动物，且基本在海底的洞穴中进行捕食。矛尾鱼采用体内受精的方式，鱼卵位于雌鱼的输卵管中，胚胎也在此发育（30~33 厘米），每个胚胎均有一个巨大的卵黄囊，这意味着西印度洋矛尾鱼是卵胎生动物。虽然人们认为胚胎从鱼卵或子宫中的其他胚胎中汲取营养，但一些研究表明它们也可以吸收子宫分泌物（子宫乳）。

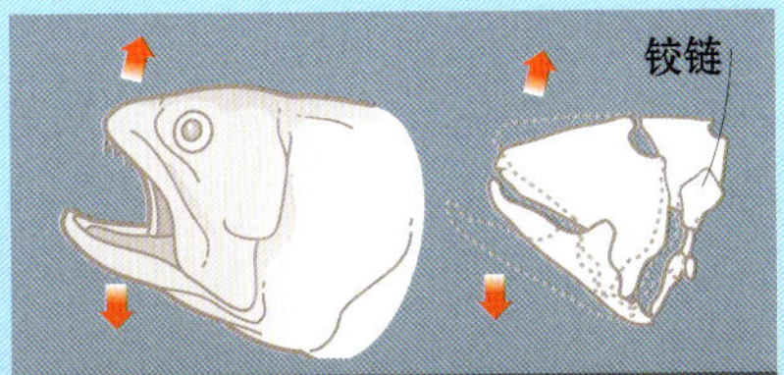

独特的开放式口腔

西印度洋矛尾鱼的头骨由铰链式的关节分开。不仅颚骨可以向下运动，颌骨也可向上运动，这使得它们的嘴可以张得非常大，且能吸入更多物质。

移动的位置

西印度洋矛尾鱼头朝下，身体几乎呈竖直状，用能接收电刺激的面部组织来探索海底。

鱼鳍

胸鳍为肉鳍（有肌肉的）。矛尾鱼的骨头与四足动物的四肢类似。

Latimeria menadoensis

印尼矛尾鱼

体长：1.4 米
体重：30~100 千克
保护状况：易危
分布范围：太平洋中西部海域

印尼矛尾鱼是海洋底层鱼类，生活在 150~200 米深的火山多岩石山坡上或碳酸盐洞穴中。它们体形硕大且强壮，但直到 1998 年才被发现，与其亲缘种西印度洋矛尾鱼十分相似。它们的尾梗几乎与身体同宽。头部很强壮，眼大，口长在前端。前鼻腔形成了小乳突，位于鱼吻的上边缘处。头部有突出的板状物，朝向中线。头骨处有明显的成对骨质板状物，正好位于眼睛的上方和后方。第一背鳍一般有 8 根骨质鳍条。第二背鳍、臀鳍、胸鳍和腹鳍的基部均为肉质。尾巴的构造并不典型，分为三部分：最上和最下的部分中有许多鳍条，中间部分很小，脊索就从这里穿过。鳞片很大，其中有很多小型齿状物。头部、躯干和叶鳍呈灰棕色，且分布着许多不规则的白色斑点。最近发现的少数印尼矛尾鱼尚不足以研究其习性。它们的饮食与其他空棘鱼类似，包括小鱼和鱿鱼。雌鱼会产出很大的鱼卵，并在输卵管中孵化，然后直接生出小鱼。印尼矛尾鱼在印度尼西亚受到保护，且被纳入华盛顿公约（CITES）附录一中。

保护状况

捕捞鲨鱼和其他鱼类时会误捕到印尼矛尾鱼，这对它们的数量影响很大，由于印尼矛尾鱼生长速度缓慢且繁殖率低，它们数量原本就很少。我们还应进一步对印尼矛尾鱼进行研究，这样才能更好地保护它们。

著作权合同登记号：图字：02-2017-250

图书在版编目（CIP）数据

国家地理动物大百科．鱼类．Ⅱ / 西班牙 Sol 90 出版公司编著；刘广璐，董舒琪译．— 天津：天津科技翻译出版有限公司，2018.3

ISBN 978-7-5433-3761-9

Ⅰ．①国… Ⅱ．①西… ②刘… ③董… Ⅲ．①鱼类—普及读物 Ⅳ．① Q95-49

中国版本图书馆 CIP 数据核字 (2017) 第 270371 号

授权单位：Editorial Sol 90
出　　版：天津科技翻译出版有限公司
出 版 人：刘 庆
地　　址：天津市南开区白堤路 244 号
邮政编码：300192
电　　话：（022）87894896
传　　真：（022）87895650
网　　址：www.tsttpc.com
印　　刷：北京市雅迪彩色印刷有限公司
发　　行：全国新华书店
版本记录：889 × 1194　16 开本　10 印张　434 千字
2018 年 3 月第 1 版　2018 年 3 月第 1 次印刷
定价：88.00 元

（如发现印装问题，可与出版社调换）
咨询热线：010-57354635　010-57722527